見て、さわって、書いて、描く

はじめての
ガラスペン

武田健

実務教育出版

まるで光の中から生まれたような
輝きを湛えるガラスペン。
軸も、ペン先も、
ひとつとして同じものが存在しない
ハンドメイドの芸術。

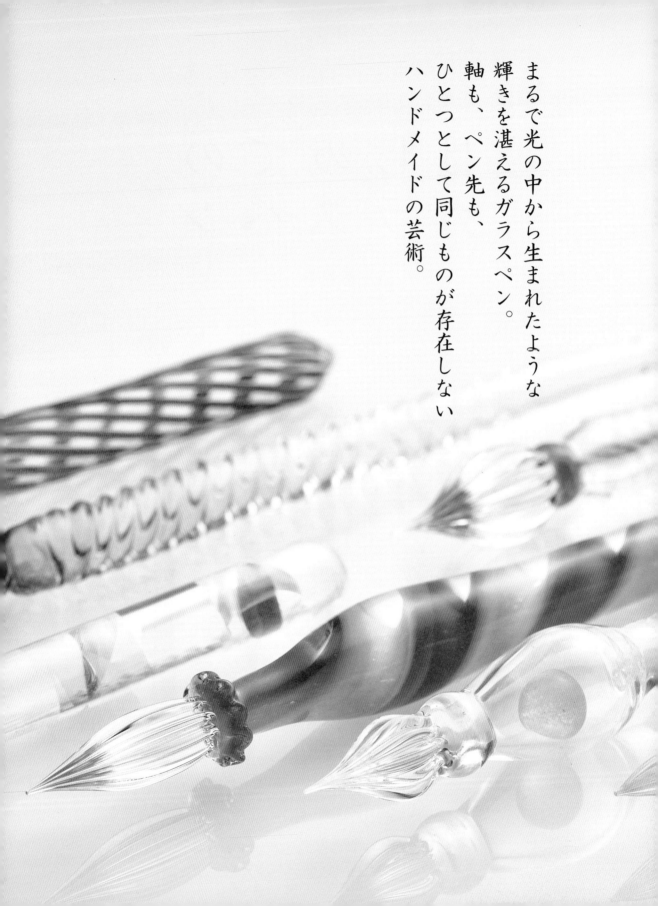

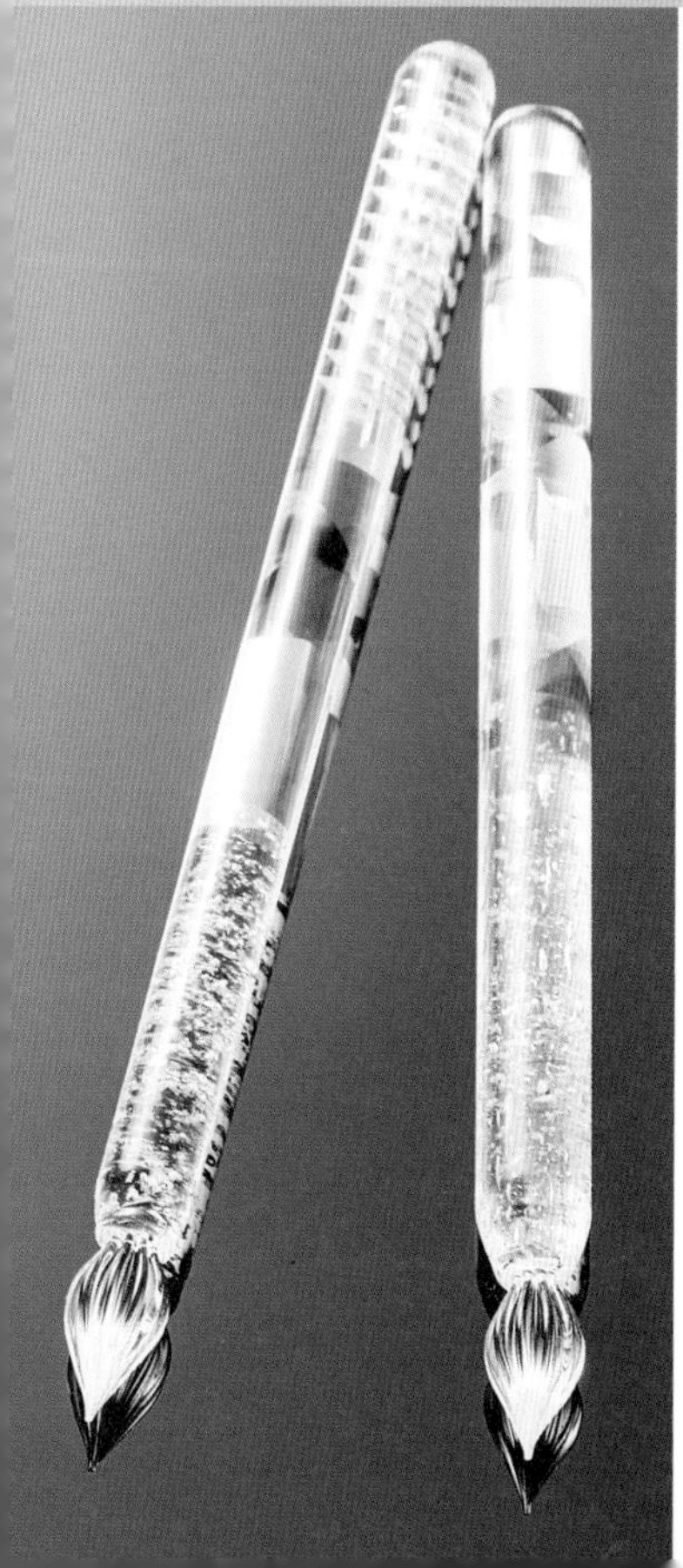

今まで使っていた
筆記具とはまったく違う、
私だけの特別な１本。

ユニークな造形と艶やかな色合い。
万年筆インクとの
コラボで生み出される
至極の書き味。

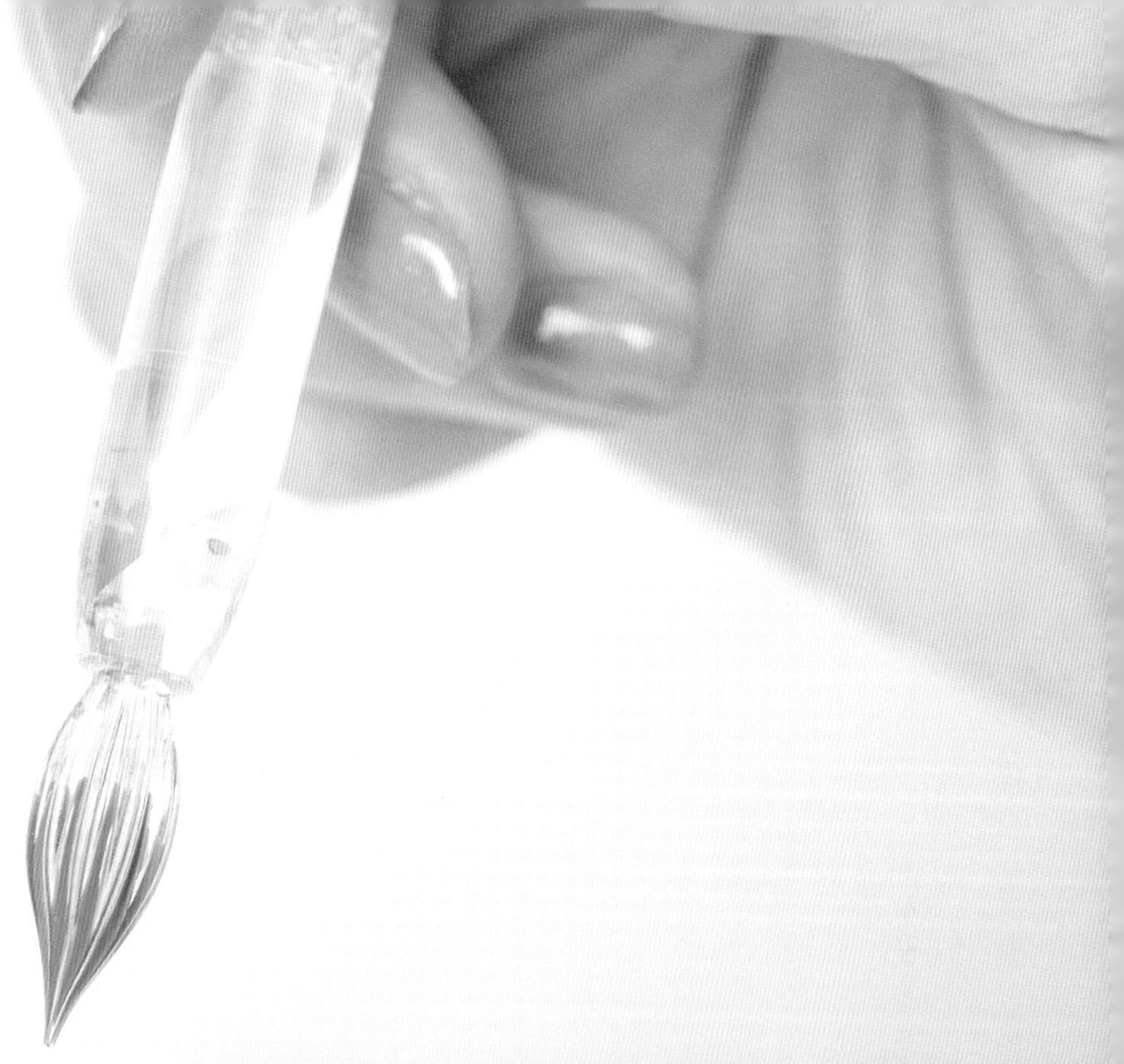

一度経験したら
忘れることのできない
まったく新しい筆記具体験が
あなたを待っている。

はじめに

はじめてガラスペンを使ったのは、今から約10年ほど前のことです。万年筆のインクを集めはじめて1年ほどたったころ、手持ちのインクの色見本をそろそろ作っておいたほうがよいと思い立ったのでした。

しかし、すでに１００本近く持っていたインクの見本をどうやって作ったらよいのか悩んでいました。万年筆でいちいち作るのは時間もかかり現実的ではないし、つけペンではきれいに文字が書けません。

そんなときに見つけたのがイタリア製のガラスペンでした。旅先でたまたま立ち寄った、今はなきナガサワ文具センターの「ＮＡＧＡＳＡＷＡさんちか店」にさまざまなデザインの輸入ガラスペンが並んでいました。それほど値段も高くない上に書き心地が素晴らしくて、旅の思い出にと購入し、それを色見本の作成時に使うことにしたのでした。しばらくはそのガラスペンで色見本を作っていたのですが、1年ほどたったころ、洗浄の際にうっかりペン先を割ってしまいました。

インク見本を作るときにガラスペンは必須なので、すぐに次のガラスペンを購入しました。それがエルバンのシンプルなガラスペンです。それまで使っていたイタリア製のガラスペンと違い、こちらはすっきりとしたデザインで、書くことに集中することができましたし、リーズナブルで比較的手に入りやすいので、安心して使えるのもヘビーユーザーとしてはとてもありがたく感じました。そして、このガラスペンは、テレビに出演した際にも大活躍してくれて、今でも愛用の1本となっています。

さまざまなインクを使うのに便利なガラスペンですが、洗って使えるの

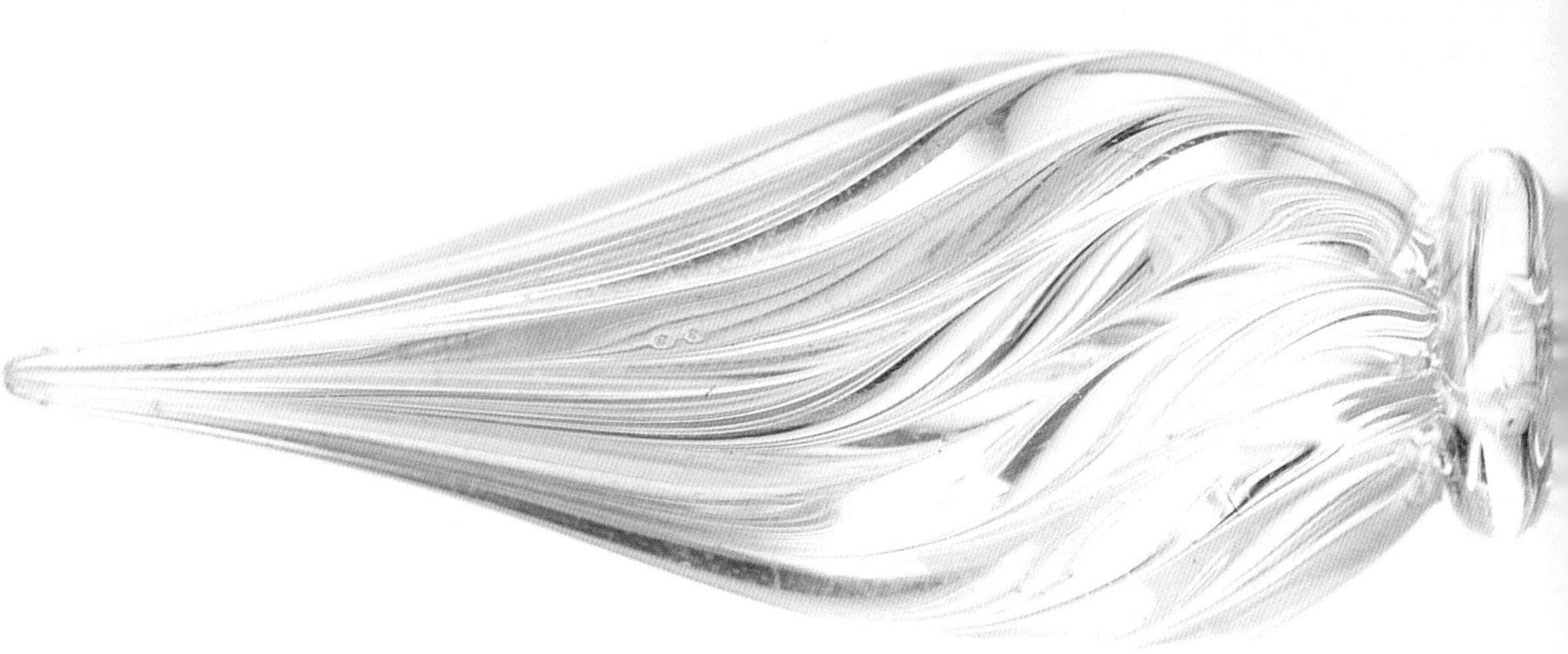

だから、「1本あれば十分じゃないか?」と自問自答することもあります。なのになぜ何本もほしくなるのか? それは、ガラスペンは筆記具でありながら、芸術品でもあるからではないかと思っています。万年筆と違い、1本1本がハンドメイドな点もコレクションしたくなる理由です。

文字を書いている間中、視界に入ってくるので、書き味はもちろんのこと、デザインにも自分なりの好みが反映されます。軸の色が美しかったり、軸に施されたデザインが素敵だったり、あるいは、ガラスペン全体のたたずまいに魅了されたりと、人によって、ガラスペンを選ぶポイントは異なります。そして、そんな愛着のあるガラスペンで書くと、自分の文字がさらに愛おしく思えるというのは、当然といえば当然のことなのかもしれません。

ガラスペンの使い方に特に決まりはありません。もちろん、他の筆記具と比較すると、割れやすいし繊細なところがあるので、ある程度扱いに注意する必要はあります。しかし、それさえ守れば、さまざまな使い方ができます。季節によって使うガラスペンを替えるのもよいでしょう。あるいは、インクに合わせてガラスペンをコーディネートするという楽しみ方もあります。旅先で購入したインクをすぐに楽しみたいというときには、キャップ付きのガラスペンが便利です。

ぜひ、この本を参考にして、皆様にも自分なりのガラスペンの楽しみ方を見つけていただければ幸いです。

武田 健

Contents

CHAPTER 2

煌《きら》めくガラスペン図鑑

CHAPTER 3 愛好家の使い方

CHAPTER

1

ガラスペンの楽しみ方

素材がガラスであるというだけで、すぐに壊れそうで怖いと感じたり、実用性に疑問が出たりと、使う前に避けてしまう……。今までそんな方と多く出会いましたが、それはあまりにももったいないことです。ガラスペンの基本の扱い方を知るだけで、筆記の世界が一気に広がります。

そもそも

ガラスペンってどんなもの？

繊細な文房具であるガラスペンを楽しむためには、試す前につくりや特徴を理解することが大切です。

01 基本の構造

ガラスペンの形とそれぞれの特徴を紹介します。

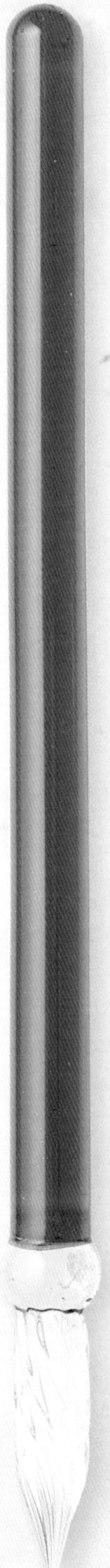

天冠

ガラスペンの一番上の部分。目につきやすい場所のため装飾が追加されることが多く、魅力のひとつとなっている。

軸

細いものから太いものまで種類はさまざま。形も1本1本違うため、使う人との相性が大切になる。

ペン先

ペン先は、作家が自分の世界観やコンセプトに沿って作る最もこだわりの詰まった部分。構造によってインクの吸い上げる力、インクの保持量、筆記線の太さなどが大きく変わる。溝があるので、つけペンと比べると多くの文字が書ける。

形の違い

ペン先の形の違いで書き心地は大きく変わる。自分に合ったペン先を選んでもよいし、それぞれの作家の個性に合わせるのも楽しい。もちろん、芸術的な美しさを基準に選んでも問題はない。

コーン型

緩やかな曲線が美しいタイプ。優しい雰囲気を醸し出すデザイン。

ストレート型

ペン先がストレートなタイプでデザインをすっきりと見せる効果がある。

小玉ねぎ型

根本から中心部にかけて膨らんでおり、先端がすぼまったタイプ。

玉ねぎ型

中央部分がぷっくりと膨らんだタイプ。

溝の入り方の違い

ペン先の溝の入り方にも作家の個性が現れる。大まかに、根本から先端に向けてまっすぐに溝が入っている「ストレート型」、螺旋を描くように溝が入っている「ツイスト型」、ストレートの一部がひねってある「半ひねり型」の3つのタイプに分けられる。

ペン先の溝の数の違い

ガラスペンの溝の数は作家によって異なり、8本〜 12本となっている。溝の数が多いほどたくさんインクを吸い上げることができますが、その分、溝の太さが細くなり、ラメ入りインクや顔料インクは詰まりやすくなるので、インクの種類によって使い分ける必要がある。

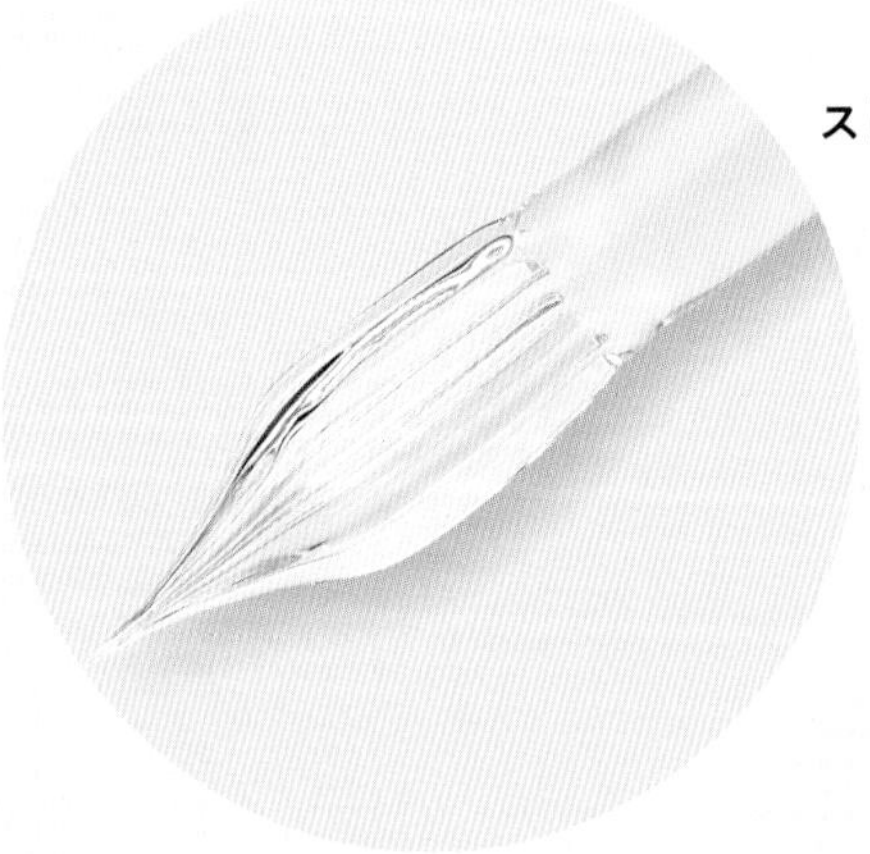

ストレート型

半ひねり型

ツイスト型

8 本

10 本

12 本

GLASS PEN POINT

- ペンの各部位の美しさを楽しもう
- ペン先の溝を見てみよう
- インクの出方を試し書きで実感しよう

02 ガラスペンの仕組み

毛細管現象によって、インク瓶の中のインクにペン先を軽くつけるだけで、インクがペン先に登っていく。

おすすめのインク

染料インクがおすすめ。顔料インクやラメ入りのインクはガラスに汚れが残りやすいので、もし使う場合は、使用後にすぐ水で洗うようにする。

染料インク

水に溶けやすく、万年筆インクの多くはこの種類。トラブルは少ないが、滲みやすく色褪せしやすい。

顔料インク

水に溶けない性質を持ち、耐水性、耐光性に優れる。滲みも少ないが、ペン先に汚れが残りやすい。

GLASS PEN POINT

使うインクの種類に気をつけよう

03 筆記線の違い

ペン先の調整の仕方や加工の違いによって書ける線の太さは変わってくる。

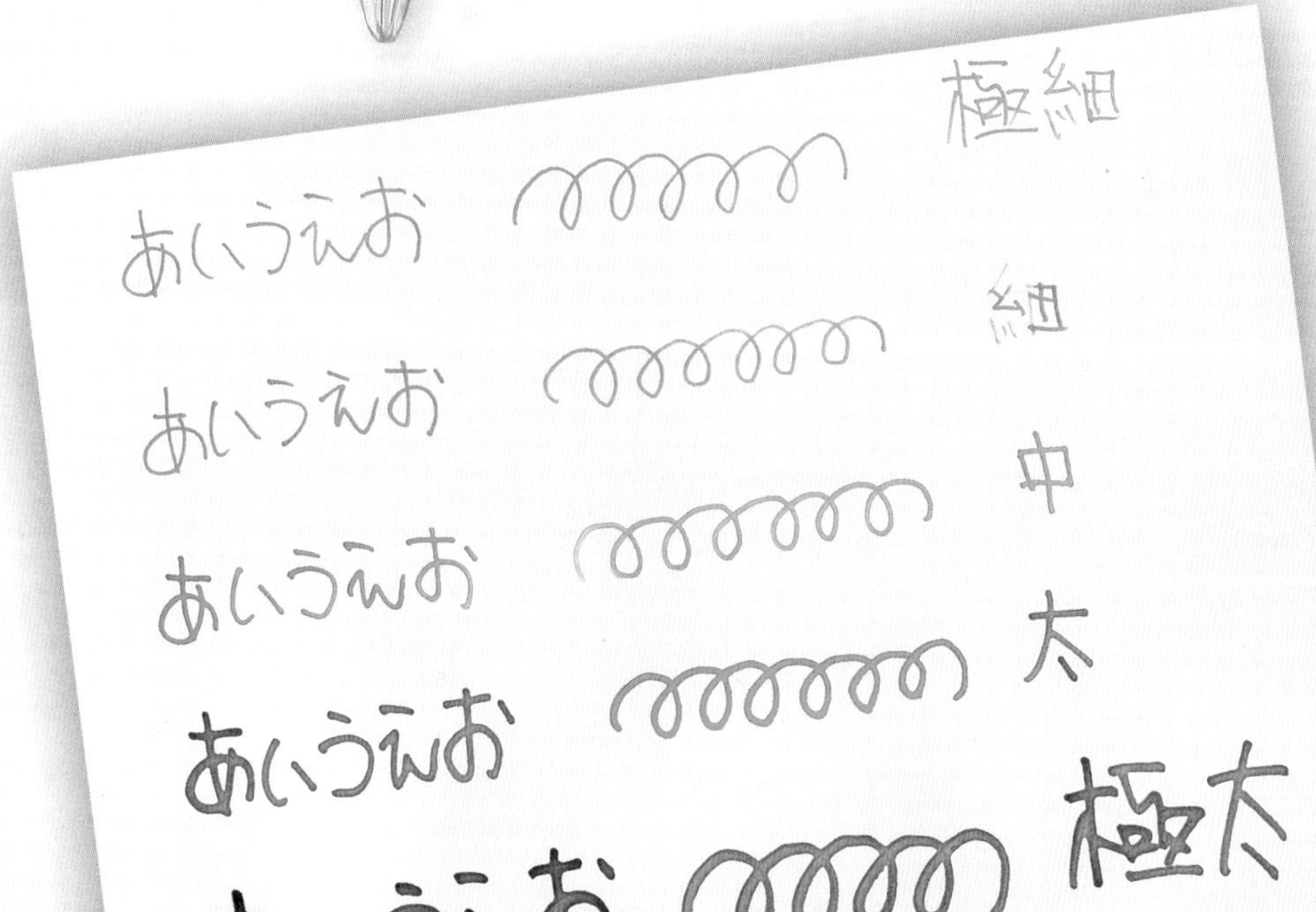

ペン先の形や、調整（やすりで削って調整されることが多い）によって、線の太さは変わる。インクの増減でも太さが変わるので注意する。

GLASS PEN POINT

購入する際に試筆して、自分に合った太さの筆記線を選ぼう。

FIRST QUESTIONS

みんな気になる 最初のギモン

ガラスペンと聞くと、初心者が必ず抱く疑問や質問にお答えします。

Q1 割れませんか？

A もちろん割れます。

ガラスなので、残念ながら割れてしまうものだと理解した上で使用することになります。しかし、修理を受け付けている作家さんや、店舗もあるので、ペン先をうっかり割ってしまったからといって諦めないでください。ただ、デザインを左右する軸の部分やペン先の部位によっては修復が不可能な場合もありますので、慎重に扱うことは大前提となります。その点だけ気を付けて、楽しくガラスペンと向き合いましょう！

Q2 どのくらい書ける？

A ハガキ約１枚は書けます。

ペン先の溝の数や溝の深さによって、インクの保有量が異なるので、一概に言えませんが、だいたい標準でハガキ約１枚は書けます。ただ、そのためには、適量のインクをペン先に含ませる、軸を少しずつ回転させながら書く、というようにある程度のコツが必要となります。また、軸によって個性もありますので、いきなりたくさん書こうとせず、少しずつ練習することも大切。自分なりの使い方を模索しながら慣れていきましょう。

Q3 お高いんでしょう？

A 実はリーズナブルです。

ガラスペンというとお高いイメージがあると思いますが、実はリーズナブルなガラスペンもたくさんあります。数千円で買えるガラスペンもあり、平均すると1万円前後のガラスペンが主流。装飾が凝ったものや、軸に工夫がされているものなどは、それだけ手間や原材料費もかかるので、それなりのお値段になってしまいます。金額は、主に軸の加工賃だと思ってよいでしょう。自分の予算と使う頻度などを考えて選ぶのがベスト。

Q4 どこで買えばいいですか？

A なるべくお店で試筆してから。

ガラスペンのほとんどがハンドメイドなので、1本1本書き味が違ってきますし、軸の色や模様の出方も個体差があります。一番よいのは、実際に店舗や工房などで試し書きをしながら購入することです。お店や工房の多くは試し書きをさせてくれるので、その中から選ぶようにしましょう。遠方でどうしても試し書きができない場合にはネット通販などを利用することになりますが、そのときは書き味や色柄などは選べないことをあらかじめ理解した上で購入するようにしましょう。

Q5 どうして人気なの？

A インク沼の影響かも。

ガラスペンの人気の理由はいろいろと考えられます。まず、ほとんどのガラスペンが一点ものであるということ。ハンドメイドで作られているので、微妙に1本1本が異なり、だからこそ自分のお気に入りの柄、自分の手に合った書き味のガラスペンと出合う喜びを味わうことができます。また、「インク沼」と言う言葉が流行るほどさまざまな種類の万年筆インクが販売されていますが、それと合わせて楽しめるという魅力もあります。軸の美しさも千差万別で、集める楽しみも。このように多くの要素で人気があります。

どんどん ガラスペンで書こう

つくりが理解できたら、早速ガラスペンで書いてみましょう。今までにない筆記体験が味わえるはずです。

01 用意するもの

壊さずに何度も使える準備をして、ガラスペンの世界を長く堪能しましょう。

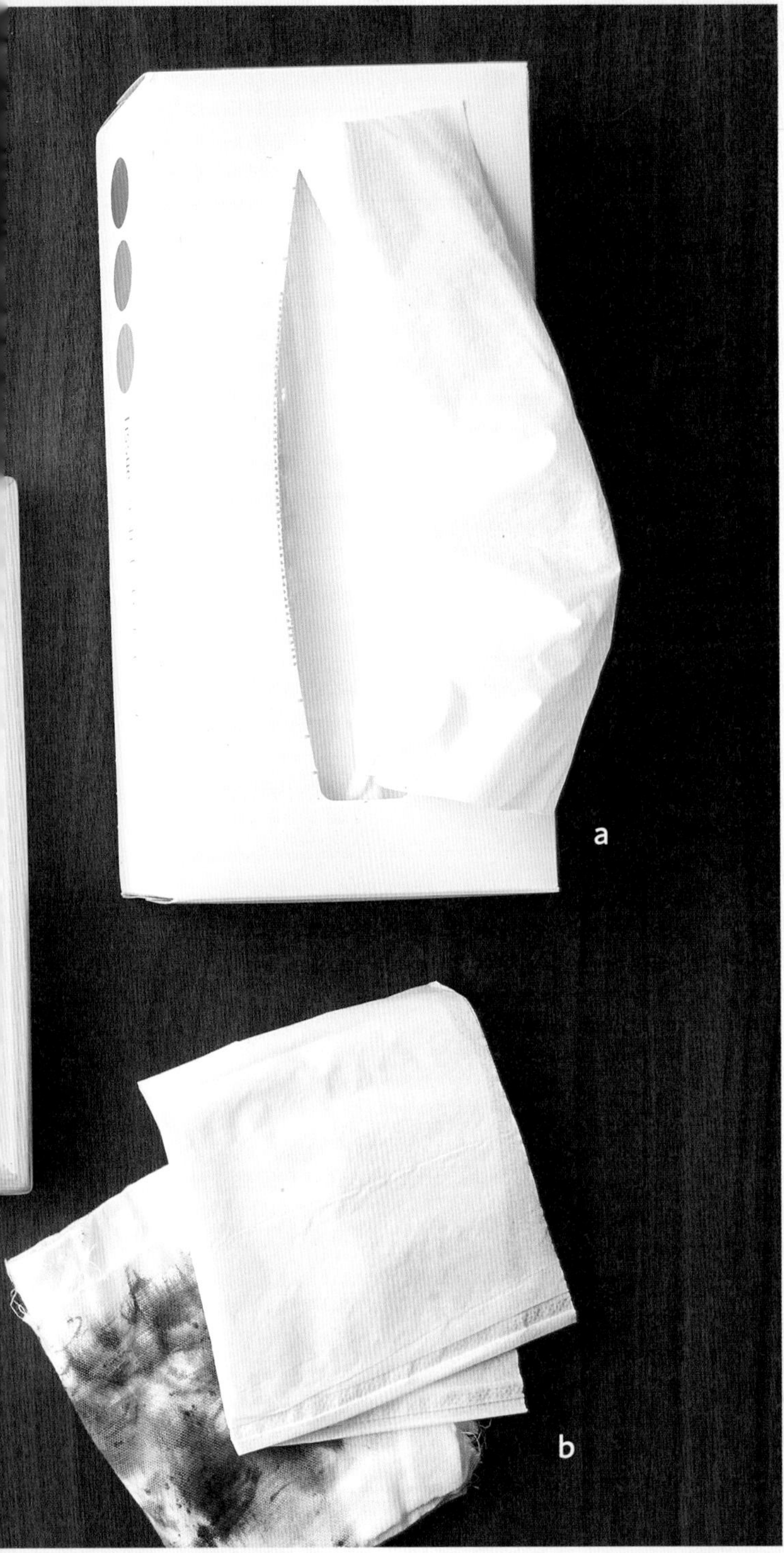

a. ティッシュ

書いたあと、水で洗ったガラスペンを拭くときに使う。よく使うのでボックスで用意するのが◎。

b. 布

あえてa.ティッシュではなく布で代用し、インクの滲み具合を残して楽しむのもおすすめ。

プラスチックコップ

ペン先が当たって折れてしまうのを避けるため、柔らかいプラスチックコップを用意し、水を入れる。

インク

使いたい種類のインク瓶を用意する。蓋は使ったらすぐに閉めること。

書く紙

インクによっても滲み具合が変わってくるので、表現したいことに応じて、書きたい紙を用意する。本番として書く前に試し書きするのがおすすめ。

c

POINT OF GLASS PEN

- ペンが転がり落ちないよう注意
- インクにつける前に洗って拭く準備を
- 道具の準備自体を楽しもう

c. ガラスペンとペンレスト

机の上で転がらないように、ガラスペン1本につきひとつペンレストを用意する。ペントレーでもOK。

02 インクにつける

道具が準備できたら、ガラスペンを用意。持ち方を確認し、インクをつけていざ筆記へ。

1.付属のゴムチューブを外す

購入時についているペン先を保護するゴムチューブを、割らないようにゆっくりと外す。少し回しながら引くと取れやすい。

※ゴムチューブの付属していないガラスペンもあります。

2.自分の持ち方を確認

ガラスペンはアイテムによって変わるものの、用紙に対してペンが45度〜60度くらいの傾斜のときが最も書きやすい。正しい持ち方を意識しよう。

持ち方が悪いと、変な方向に圧力がかかりペン先を折りやすいので注意する。

インク瓶の内側の
側面に当たると、
ガラスペンが
汚れてしまうので
注意する

3.インク瓶に ペンをつける

真上からまっすぐ下にペンをゆっくりと下ろし、ペン先をインクにつける。溝の2／3ほどつければインクは勝手に吸い上がるので深くつけすぎる必要はない。

ペン先が
インク瓶の底について
割れないように
気をつける

余分なインクをインク瓶の口でぬぐい落とす。

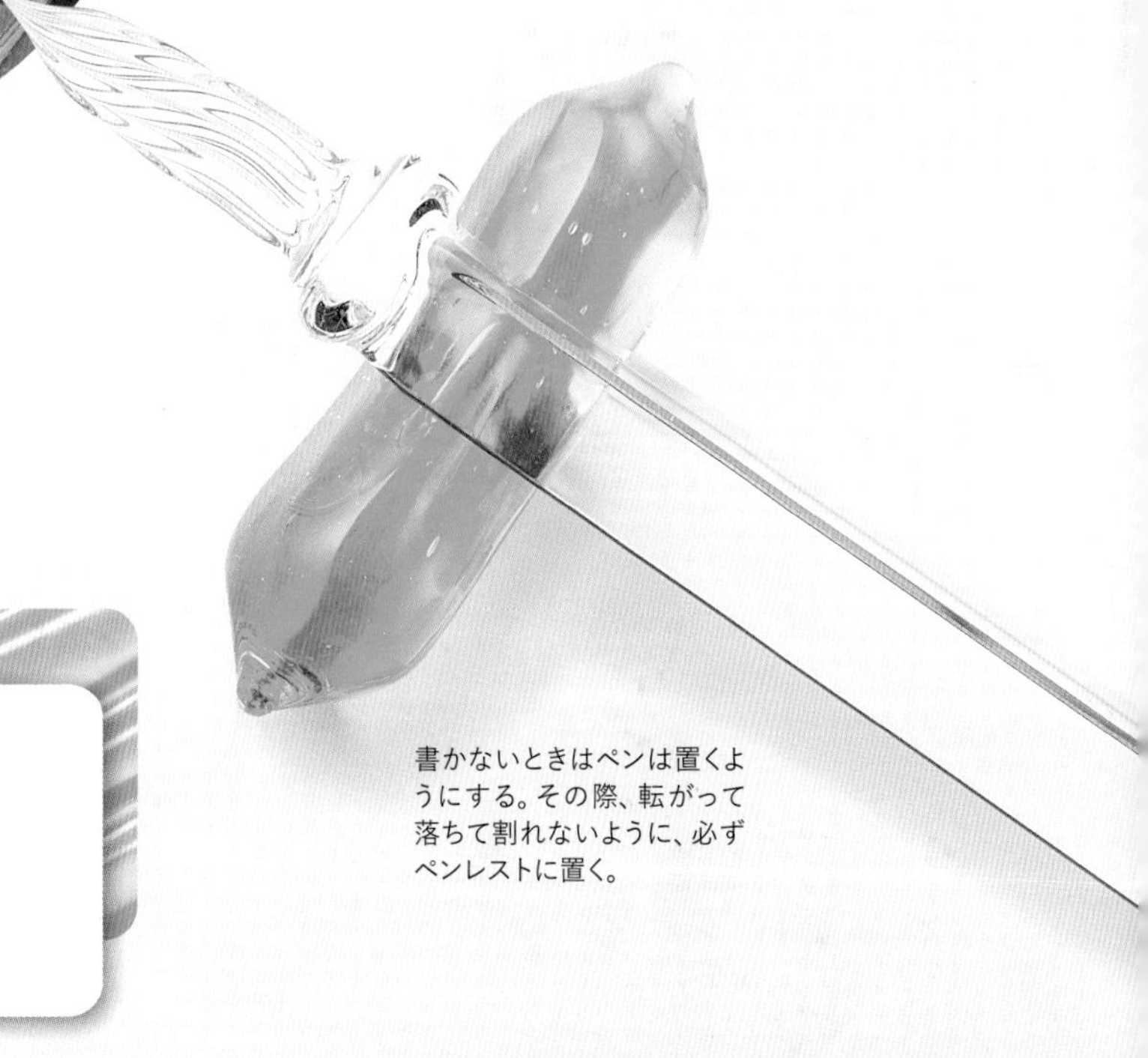

書かないときはペンは置くようにする。その際、転がって落ちて割れないように、必ずペンレストに置く。

GLASS PEN POINT

- チューブを外す際はゆっくり
- 持ち方を整えて使うと◎
- インク瓶の底までつけない

03 書く・洗う

書き味を楽しみながら、書きたいものを書きます。
使い終わったり、インクを変えたりする際は、ペン先を洗浄します。

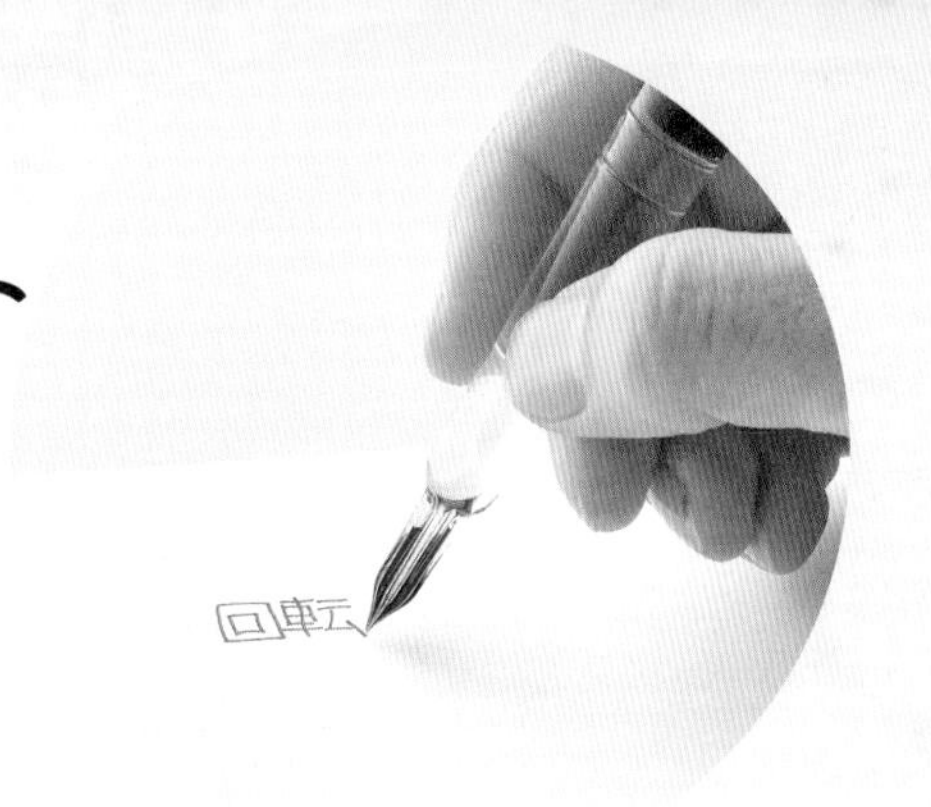

1. 持ち方に注意し書く

少しずつ回転させながら書くと、インクの出方が一定になりやすい。線が細くなってきたら再びインクにつけて、ぬぐい、書く。これを繰り返す。

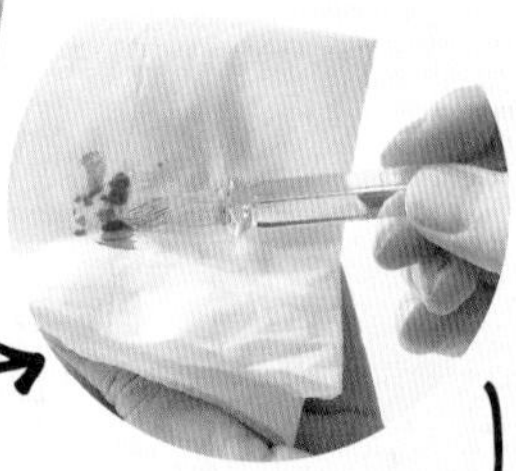

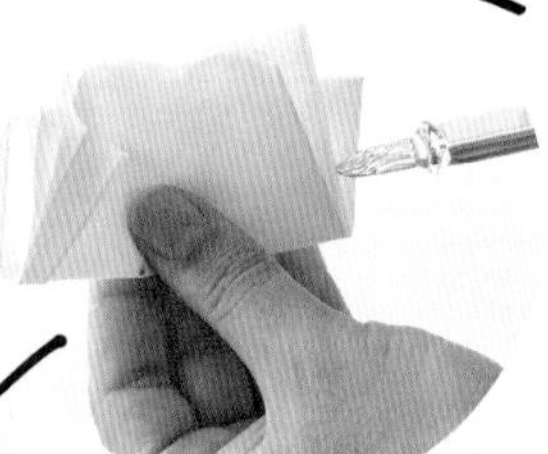

2. ティッシュで拭く

文字を書き終え、インクがまだペン先にかなり残っている場合には、水で洗う前にティッシュでぬぐっておいた方がインクをきれいに落とせる。その際は折ったティッシュでペン先を優しく挟み、横に引き抜くように拭き取る。ペン先の形を認識しながら、動作をゆっくり丁寧に行うこと。慌ててうっかり力を加えるとペン先を折ってしまう可能性もあるので、慎重に。ただ、ペン先のインク量が少ないときなどはこの部分は省力して、3に進んでもよい。

3. 水でインクを落とす

プラスチックコップの中央の水の中にペン先をつけ、少し回す。あまり大きく回して横に当たってコップを倒したりしないように気をつける。

こんな新洗浄アイテムも出現!

水道のない場所でもペン先をきれいにできて便利

文具王 高畑正幸氏考案
ガラスペンクリーナー／文具王工作室

URL:https://bunguo.base.ec/

ガラスペンを簡単に洗浄できるブラシが内蔵されたアイテムも発売されています。瓶に水を適量入れ、ブラシユニットの中心にペン先を差し入れて前後に動かすだけで、溝の中まで水とブラシが入り込んでインクの汚れを除去できます。ブラシ部分にインクの色がついた場合は、蓋を締めて軽く振ると、きれいになります。

GLASS PEN POINT

- 少しずつ回転させながら書く
- 使ったらすぐに洗う
- 転がらない場所に置く

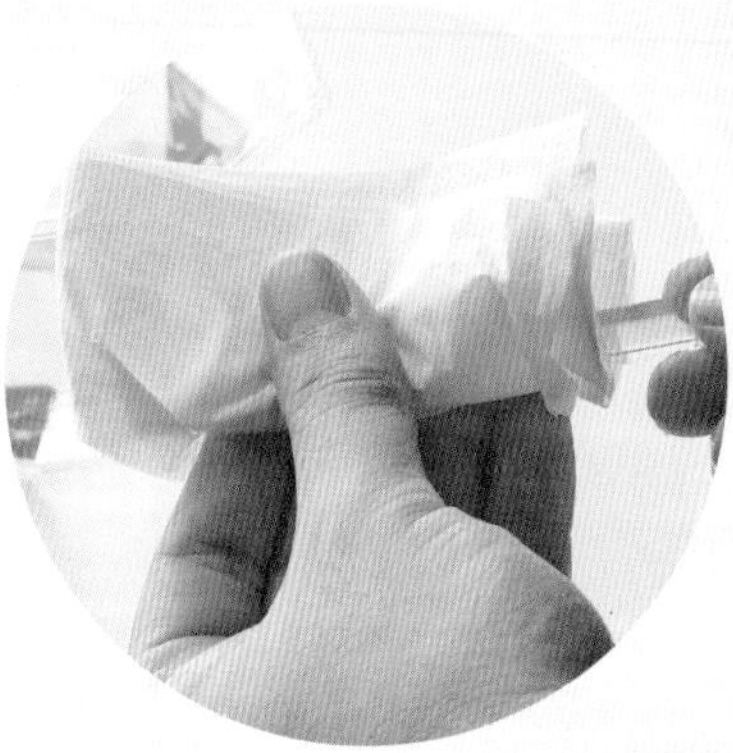

4. 再びティッシュで拭く

再び折ったティッシュでペン先を挟み、しっかり拭き取る。汚れがひどい場合は、インクメーカー推奨のインク洗浄液を使ったり、柔らかめの歯ブラシで丁寧に磨く。

完了!

5. 転がらない場所で乾かす

転がらない場所に置いて、乾かす。ゴムチューブなどはなくしやすいのでペンの近くに一緒に置いておく。

04 しまう・飾る

使い終わったら、壊れないように保護チューブに入れ、しまいます。繊細なアイテムのため、ゆっくり行いましょう。

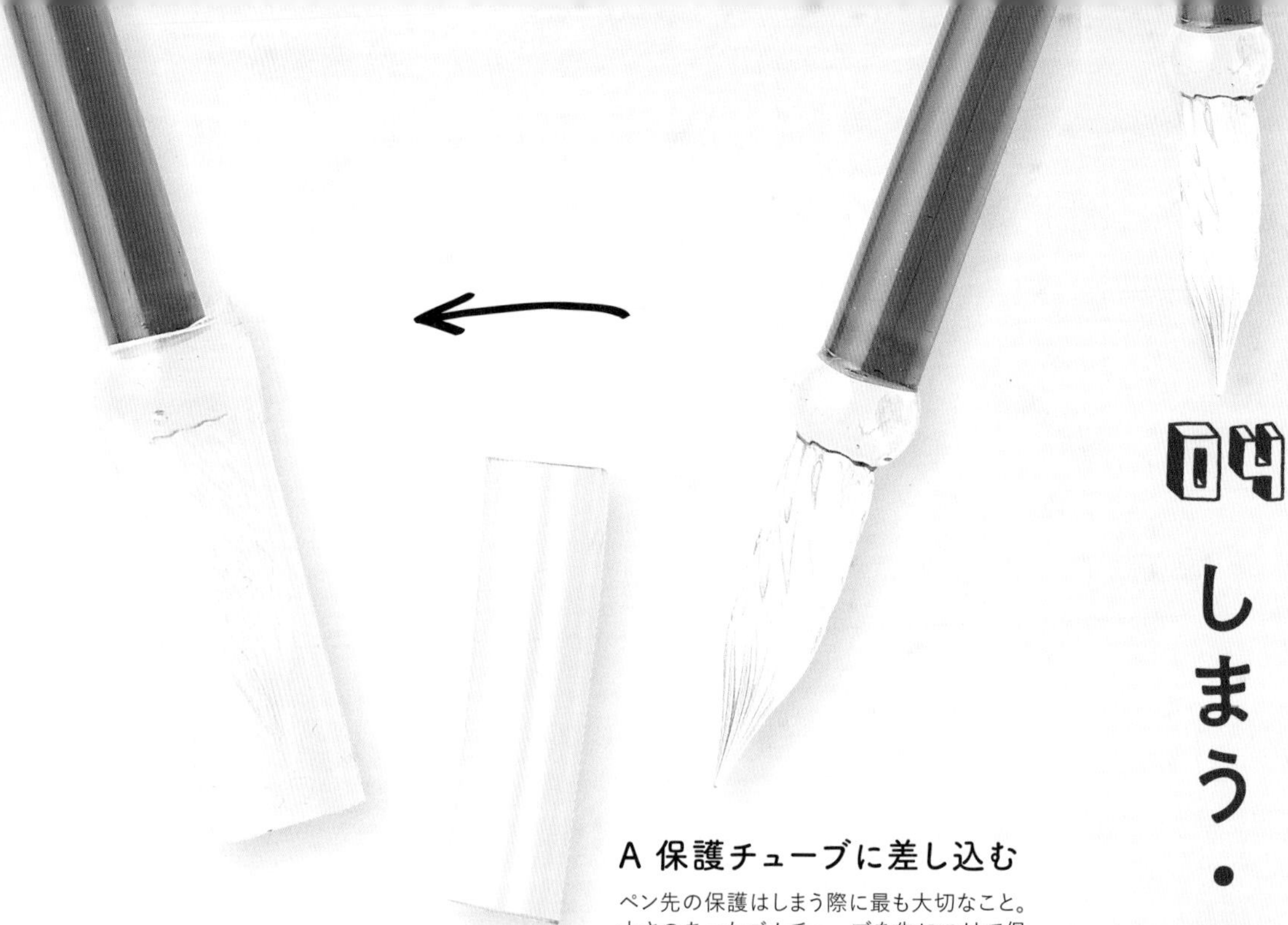

A 保護チューブに差し込む

ペン先の保護はしまう際に最も大切なこと。太さのあったゴムチューブを先につけて保存する。

B 購入時についてきた箱にしまう

保管箱がない場合は、購入した際についてきたボックスに戻すのが安全。捨てずに取っておく。

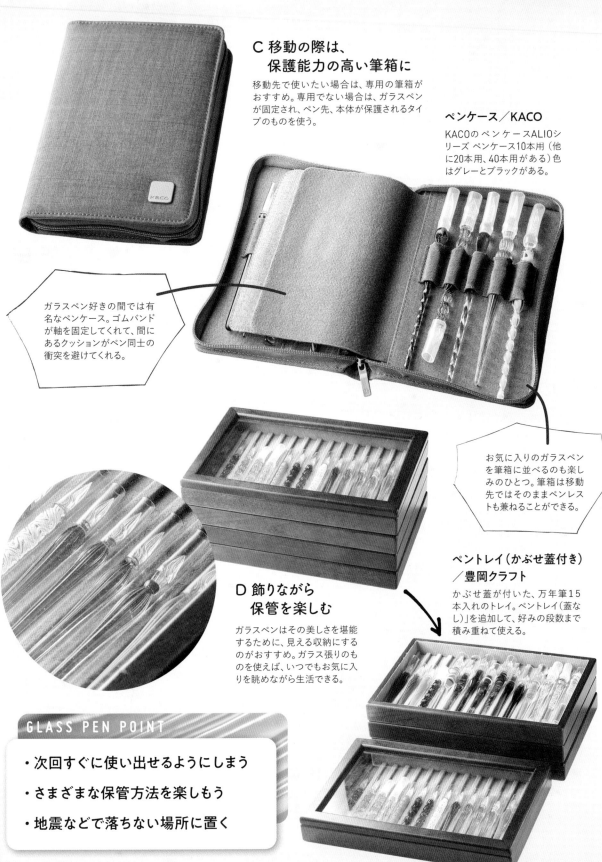

C 移動の際は、保護能力の高い筆箱に

移動先で使いたい場合は、専用の筆箱がおすすめ。専用でない場合は、ガラスペンが固定され、ペン先、本体が保護されるタイプのものを使う。

ペンケース／KACO

KACOのペンケースALIOシリーズ ペンケース10本用（他に20本用、40本用がある）色はグレーとブラックがある。

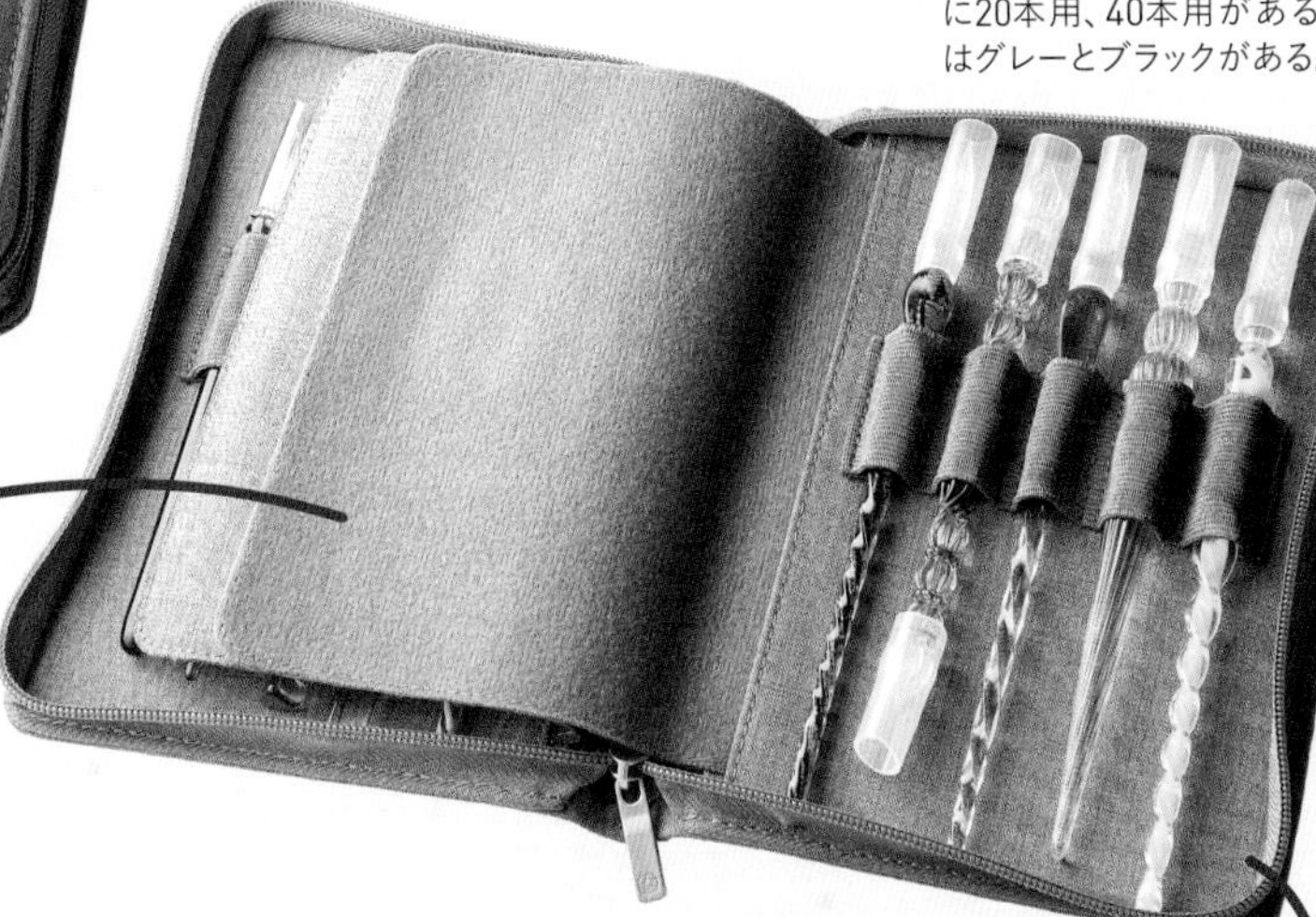

ガラスペン好きの間では有名なペンケース。ゴムバンドが軸を固定してくれて、間にあるクッションがペン同士の衝突を避けてくれる。

お気に入りのガラスペンを筆箱に並べるのも楽しみのひとつ。筆箱は移動先ではそのままペンレストも兼ねることができる。

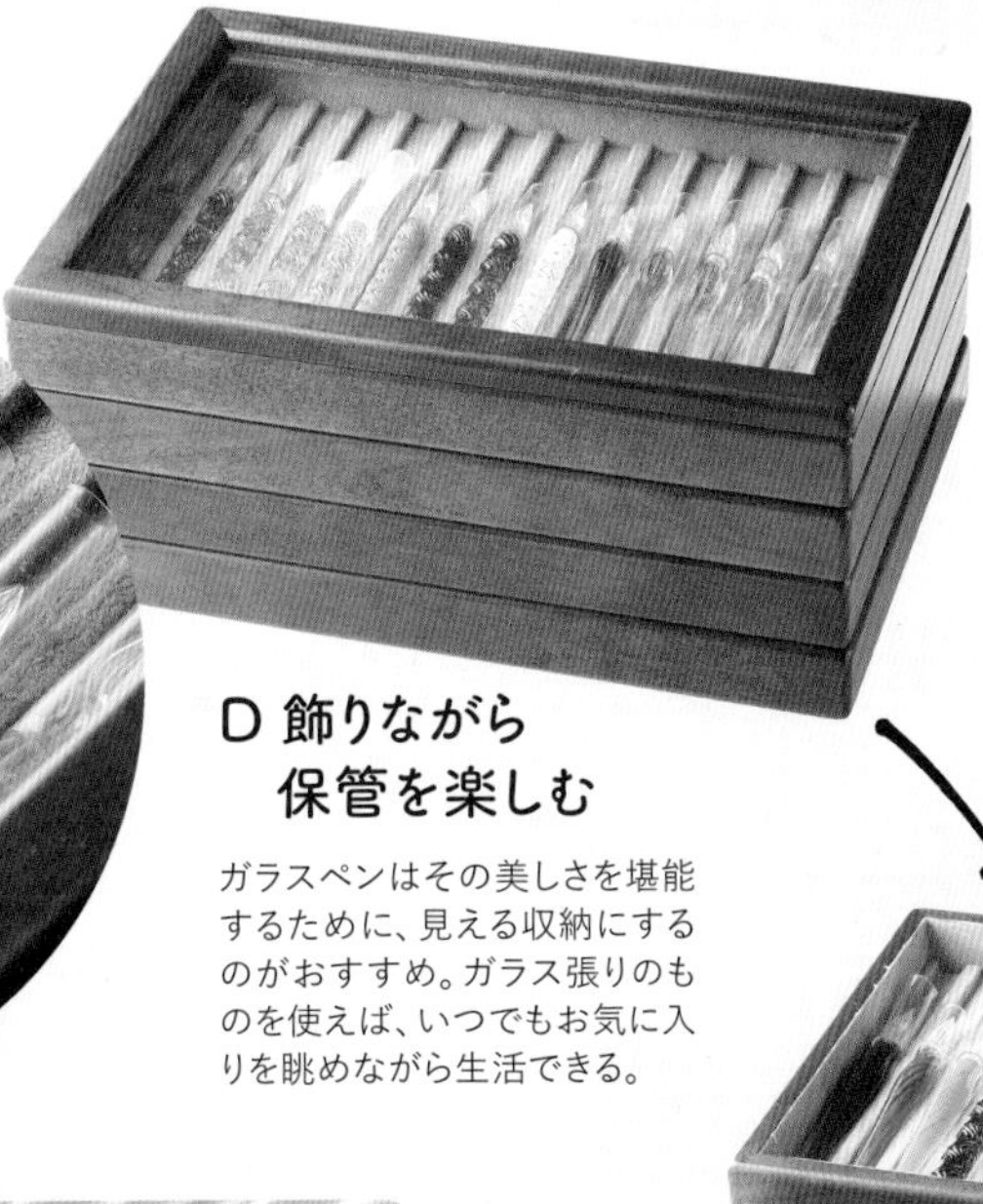

D 飾りながら保管を楽しむ

ガラスペンはその美しさを堪能するために、見える収納にするのがおすすめ。ガラス張りのものを使えば、いつでもお気に入りを眺めながら生活できる。

ペントレイ（かぶせ蓋付き）／豊岡クラフト

かぶせ蓋が付いた、万年筆15本入れのトレイ。ペントレイ（蓋なし）」を追加して、好みの段数まで積み重ねて使える。

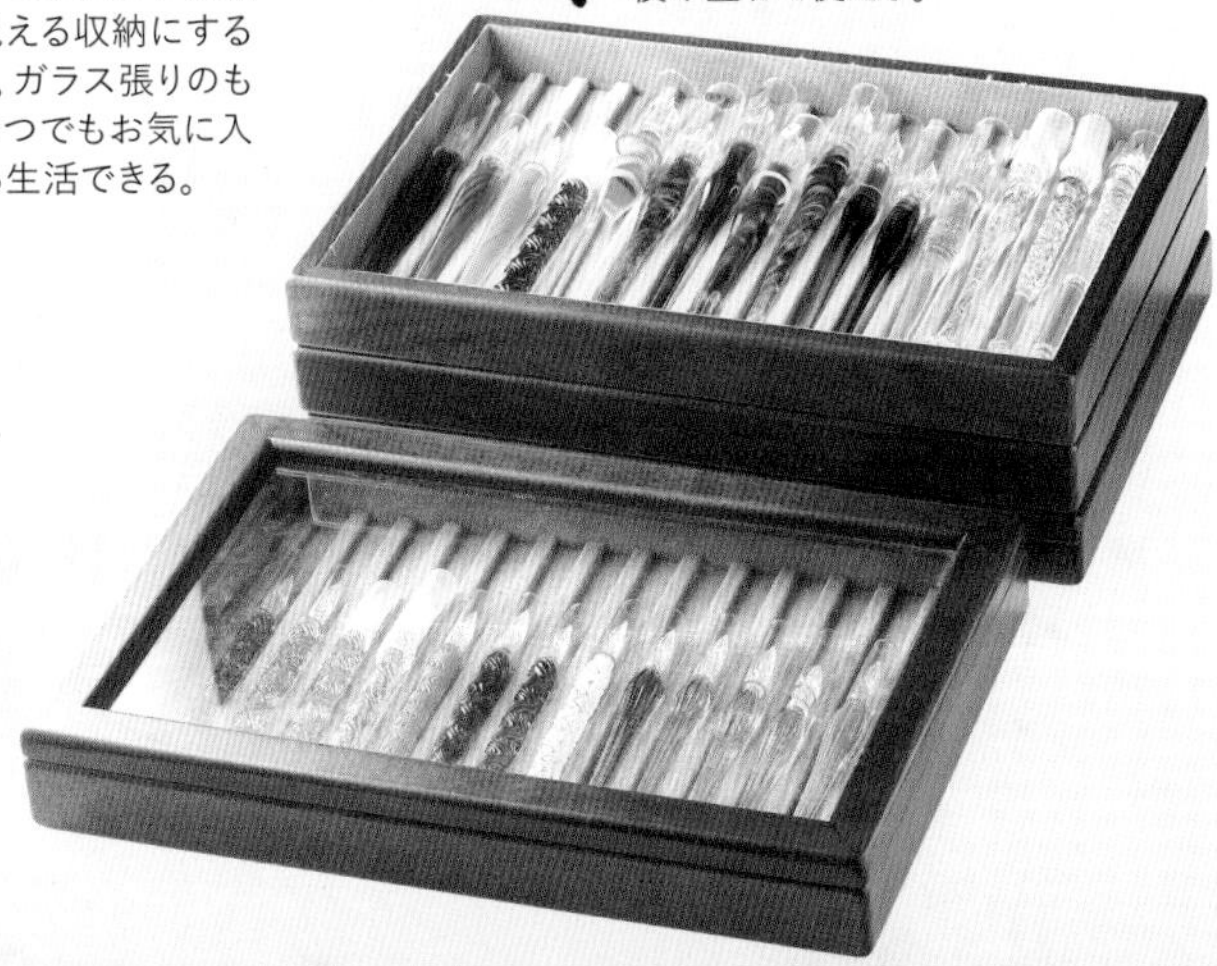

GLASS PEN POINT

- 次回すぐに使い出せるようにしまう
- さまざまな保管方法を楽しもう
- 地震などで落ちない場所に置く

NAOHIRO
HASEGAWA

長谷川尚宏

ガラスペン作家。29歳でソフトガラスの基礎を教室で学んだ後は、独学でアクセサリーやトンボ玉、ガラスペンの製作をはじめる。埼玉県坂戸市にあるHASE硝子工房では、ガラスペンを製作しているところを見学できるようになっている。

インタビュアー
武田 健

ガラスペン作りで目指したゴールはボールペンのような滑らかな書き味

武田：（以下、武） ガラスペンを作るようになったのはいつごろですか？

長谷川：（以下、長）本格的には5年ほど前からです。私がガラスに興味をもったのは19歳の頃で、安曇野のアートヒルズミュージアムというところでガラス細工を作る実演を見たことでした。同じ時期に「テレビチャンピオン」（テレビ東京）という番組でガラスの特集を観ていたこともあって、余計に興味を持ったんだと思います。その頃は自分がガラスをやるとは思ってもいませんでした。作りはじめたのは、その後、29歳の頃。たまたま行った安曇野の体験工房でとんぼ玉の体験をして、うまくできなかったことから神奈川県の葉山市にあった小さな工房に習いに行ったのが最初です。何年か経って銀座でグループ展をしたとき、これも偶然なのですが、隣でご一緒した方が、安曇野で実演をされていた方で私のことを覚えていてくれていたんです。すっかり魅せられて、その後もその方の実演を見に行って、家に帰ってひたすら真似て練習しました。

武：すごい。「見て学ぶ」の見本みたい。

長：そこで、その人がガラスペンを作っていたんですね。「ガラスペンの作り方、ちょっと見せてやるよ」といわれて。もう17～18年くらい前ですかね。そのときのペンがありますよ。宝物にしているんです。

武：きれいですね。

長：美しいですよね。初めて目にしたとき「何だこれ」と思って。こんなペンがあるっていうのをそのとき、はじめて知ったんです。僕はそれまで建築関係の仕事をやっていて、ガラス工芸は趣味の域。でもそれからずっと記憶の片隅にこれがあって。

武：その方の元にはけっこう通

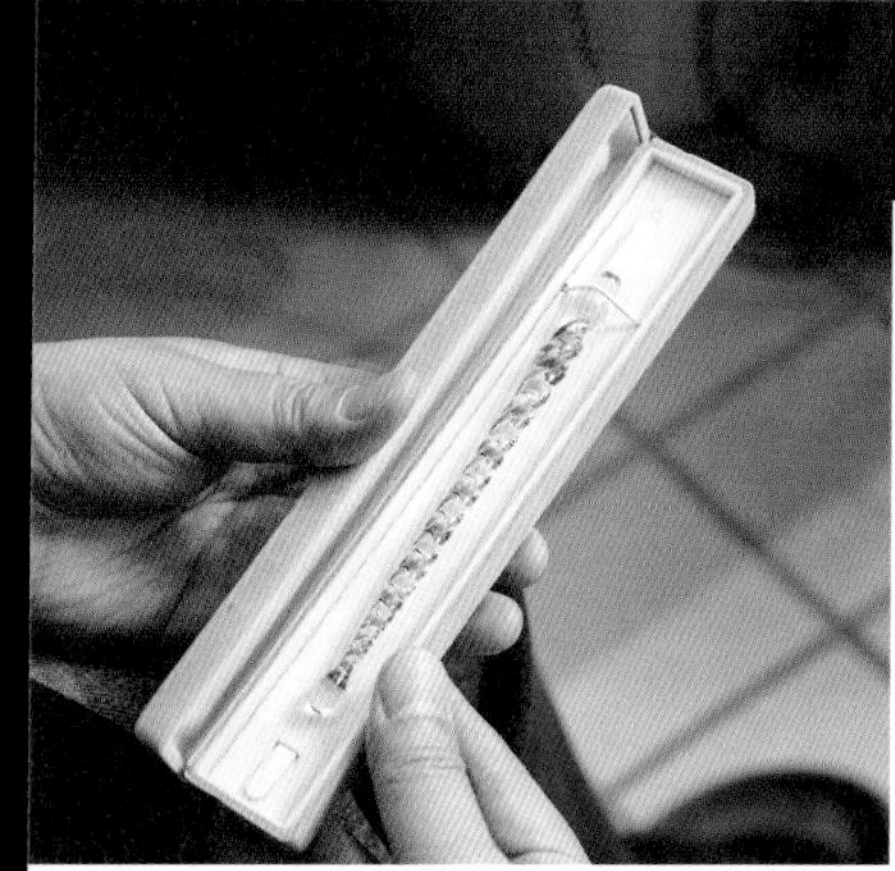
ガラスペンの作り方を初めて見たときの思い出のガラスペン。

われたんですか?
長:通いました。その度に、私にとてもよくしてくださって、行くたびにガラスペン以外にもいろいろなものを作って見せてくれました。大した稼ぎもない私を家に招いてくれたり、ご飯を食べに連れて行ってくれたり。私がガラス細工を作ったりできるのはこの方の影響がとても大きく、とても感謝しています。今でも家族ぐるみでお付き合いいただいています。
武:家族ぐるみのお付き合いにまで発展したっていうのがすごく縁を感じますね。でも、ガラスペンがこんなに注目されるようになったのはつい最近ですよね。
長:そうです。たぶんここ1年くらいじゃないでしょうか。
武:HASEさんがガラス細工を習ったときから随分、時間が経っていますよね。
長:当初はソフトガラスでのアクセサリー作りがほぼ100%でしたね。ガラスペンは耐熱ガラスをはじめた5年ほど前からで、それまでソフトガラスで作っていたガラスペンを耐熱ガラスで作ってみようと思い至ってから広がっていった感じです。
武:最初の頃の購入者は今のように、書くために買っていくという感じではなかったですか?
長:きれいだから買っていく、みたいな感覚の人が多かったんじゃないですかね。もちろん試筆なんてしなかった。今購入してくれる人たちは逆に、試筆しないと買いません。
武:試筆を積極的に行うようになったのはいつ頃からですか。
長:試筆のおすすめは最初の頃からしていたんです。書いてもらわないとガラスペンのよさはわからないとずっと思っていたので。僕の中での書きやすいペンの基準って三菱鉛筆のジェットストリーム(油性ボールペン)なんですけれど、それくらいの書き味を実現して、試した人に書きやすいと思ってもらえたら購入につながるはずだと思っていて。だから自分が納得する書き味のものを作れるようになってから展示会に出るようにしたんです。
武:作り込んで完成してから出るようになった、ということですか?
長:そうですね。メンテナンスのこともありますし。メンテナンスもいつまで無料でやるのかとか、価格設定とか、付随することも決め込んでから出ました。高い価格設定している人もいる中で、あまり低くしすぎてしまうとダメだとも思ったので。
武:この書籍の出版が決まったときに、はじめての人が安心してガラスペンの世界に入っていけるようにしたいという思いがあったんです。ペン先が壊れてもHASEさんのペンだったら、工房に送れば直してくれるということを知らせたかった。みんな意外と知らないから、そこはきちんと広めていきたいと思って。
長:うちは1年間は無料で直しています、送り返す際の送料だけ払ってもらって。1年が過ぎてからは1本1000円で直しています。それは別に1000円がほしくていっているんじゃなくて、心がけの問題として。「折っちゃったら頼めばいいや」という気持ちになってほしくないし、そうならないために、と。そういう価格設定が本当に難しくて、とても悩んだ部分です。
武:難しいですね。試筆の反応はいかがでした?
長:ありがたいことに「書きやすい」といってくれる人しかいなかったんですよ。だから、こ

工房では好きなデザインを選んで、その場でペン先をつけて調整してもらえる。

れでいいんだなと思って。それでも最初は今よりペン先の形が悪かったんです。だからペン先の形を洗練させないとと、ずっと思っていました。

工房が大切にする「非日常感」の演出

武：僕はHASEさんのガラスペンは、すごくシンプルなところが好きなんです。ストレートな形の中にいろんなものが入っているのが魅力だなと。

長：アーティスティックな形状にすることもできるけれど、そういうのを作っている人は他にすでにいるので、別に自分がわざわざやる必要ないかな、と。

武：その分、書きやすさや使う人の使いやすさを追求しているんですよね。

長：そうですね、そこにこだわってます。握りだったり重心だったり。

武：重心？

長：ガラスペンは長くなればなるだけ、後ろが重くなって引っ張られるんですよ。それを回避するには前を重くする必要があるんです。後ろに行くほど細い形状なのはそういうこと。逆に、太ければ短くても重心は安定するんです。最近は、購入者もそういう部分を理解してくれる人が増えたと感じています。

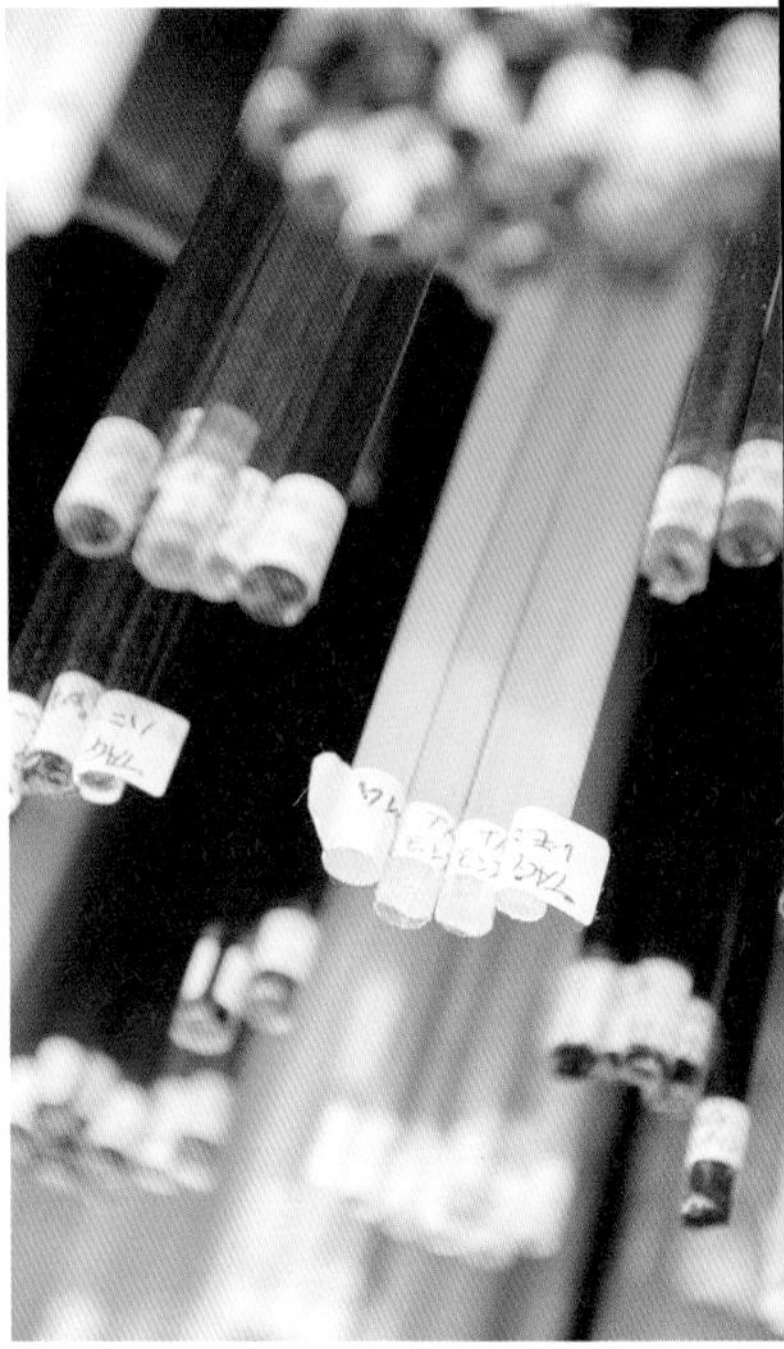

カラフルな色ガラス棒が豊富に揃いガラスペンになるのを待っている。

武：普段から、販売する際に必ず1度書いてもらうようにしてるんですか？

長：店舗での販売では、書き心地が気になる方には見本となるペンを書いてもらい、納得していただいてから軸を選んでもらってペン先を付け、お好きな字幅に調整して、そのあと試筆、納得してもらってから購入してもらっています。イベントだとそれができないので、細いペン先を付けたものを持っていって、会場で試しに書いてもらって好みを聞き、研いで調節しています。そうするとその人はその1本をすごく大切にしてくれるんですよね。自分の目の前で付けてもらった、調節してもらったペンだから、と。

武：それは絶対に嬉しい。

長：ですよね。自分でもそうだったら嬉しいだろうと思ったんです。だから店を作るときにこういうスタイルにした。店内に流れるBGMと合わせて、カチャカチャと作っている音が聞こえるのも、この店がお客さんにとっての忘れられない空間にしたいから。印象深い非日常の場所になるようにと思って演出しているんです。

武：単に商品を買って帰るのではなく、自分も一緒に作った気持ちを持って帰れるように。

長：そう。その場の雰囲気も相まって作られるものだから、それは100%、自分のオリジナルですよね。

武：ガラスペンはもともとオーダーメイドが多いと思うけれど、その側面がより際立ちますよね。

長：うちは、細かいオーダーメイドは受けていないんです。見てもらって、それで気にいらなかったらまた来てね、というスタンス。

武：でも、何も買わないで帰る人、いないでしょ？

長：ありがたいことにいないですね。だから、待ち時間の間はここでインクで遊べるようにしています。出してあるものをすべて試せるようにしてあるから、待っていて怒り出す人はいない。他の人のペン先をつけているところも見られる。

武：そこで交流も生まれるでしょう？

長：そうですね。みんな友達になって仲良くしてくれるので、この店をやってよかったなとつくづく思います。

ガラスペン「流水」ができるまで

@HASE硝子工房

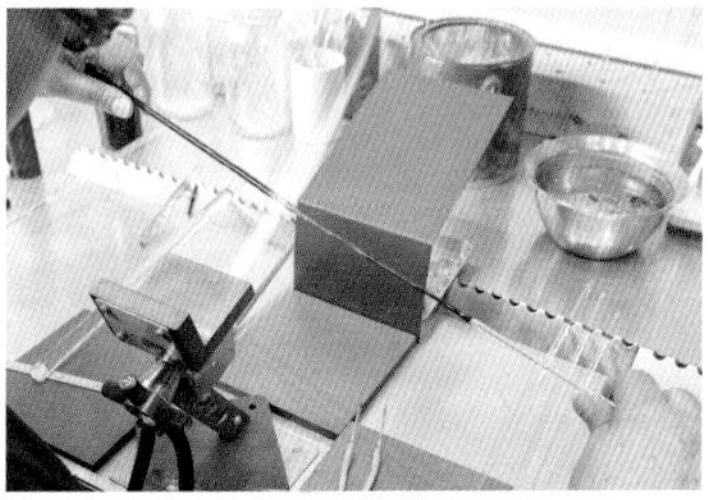

01 デザインの決め手となる色ガラスを温めて細くする。

02 ペン軸となる硬質ガラスを温めて色ガラスをライン状に乗せていく。

03 ペン軸となる長さ(約10cm)まで伸ばす。

04 ただの硬質ガラスがガラスペンのペン軸に生まれ変わった瞬間。

05 炎を細くしてピンポイントにペン軸にあてて回しながら模様をつけていく。

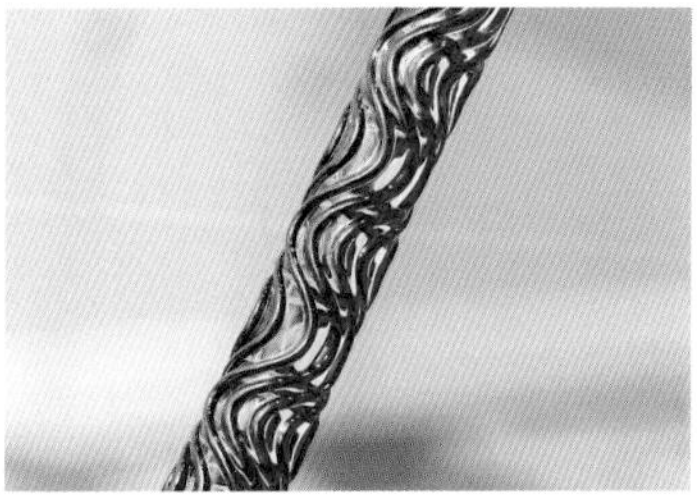

06 流れる水をイメージした、うっとりする曲線が描かれたペン軸が完成。

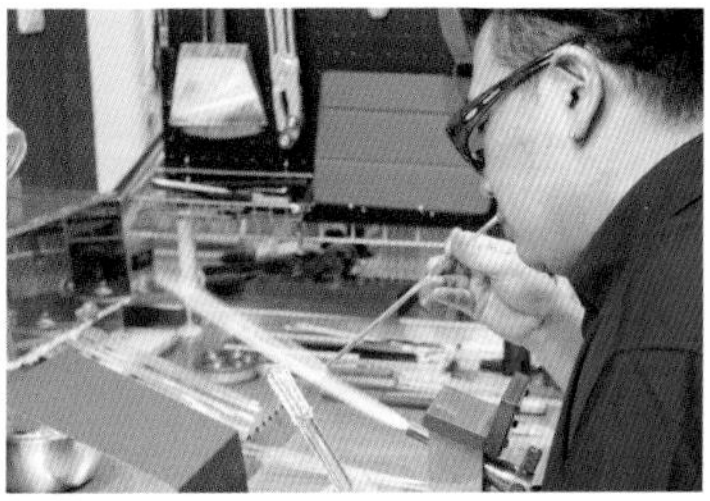

07 ペン先を作る。ペン先の溝は作家によって技法が異なり、長谷川さんはガラスにライン状のガラスを乗せて8本の溝を作っている。

08 温めたペン軸とペン先を溶着させる。その際、ペン軸とペン先を左右の手で回しながら半回転のねじれをつける。

09 ペン先を少し細く引く。温めて溝がなくならないように、少しだけ熱しながら引くようにする。

10 半回転のねじれたペン先がインクの一時たまり場所となり、ペン先に伝うインクを安定させながら供給する役割を果たす。

11 ドイツから輸入しているサンドペーパーの番手を細かく変えて、書き手に合うように繊細な調整して完成。

定番の人気商品「流水ショート」は
流れる水をイメージしている。

多忙から生まれた現在のスタイル

武：遠くからいらっしゃる人もいるんですか？

長：すごく遠くから来る人もいます。大阪とか。茨城あたりだと圏央道が通ってからは来やすくなったらしくて、よくいらっしゃってますね。

長：実はお客様の目の前でペン先をつける今の店のスタイルにしたのは、ペン先をつけている時間がなかったからなんですよね。結果、よかったという感じ。はじめの頃はでき上がったペンがずらっと並んでいて、すぐに書ける状態から調整していたんです。今はイベントがその形式です。細字のペン先を付けた完成品のペンを持って行って、太字がいいといわれたら会場で調整しています。ただし細字から太字への調整は可能なんですが、太字から細字への調整は火を使う作業になってしまうのでお店でないと不可能なんです。

武：ちなみに、今まで何本くらいのペンを作った計算になるんですか？

長：わからないな〜。でも今年に入ってからだと1000本くらいは作っていますね（9月8日現在）。先々月は300本くらい作っていたし。だから休みをなかなか取れないんですよ。

武：それはすごいな。

長：でも嬉しいので（笑）。そうやって需要があるのが。ここまで来るのは本当に大変だったので……。

武：制作時間によって作りが変わってくるのも、またいいですよね、だんだん洗練されてきて。ファンとしてはそうした作家さんの変遷をみられるのが嬉しい。だからその時々の作品を買いたいと思ってしまうんだ、と。今のこのお店の形態にしたのは4年前になります？

長：そうです。それまでは自分で作ったのをデザインフェスタとかホビーショーに持って行って売っていました。

武：この場所に工房を移したのはいつですか？

長：去年（2020年）の10月ですね。それまでは今の場所からちょっと先のところにあって、そこでやっていました。今よりもちょっと狭かったんですよ。当時は体験レッスンなんかも行っていたんですけれどね。今はもう忙しすぎて、体験はやっていません。

武：1日に何本くらい作れるものなんですか？

長：ものによりますよね。「ストライプ」なら1日に20本。「流水ショート」だったら10本。「しずく」っていう、一見つるつるでシンプルに見えるあれはめちゃくちゃ難しくて、1日に10本から15本くらい。大体、朝10時から夜の11時くらいまで仕事をしています。

武：形状がシンプルだから簡単というわけではないんですね。

長：シンプルはすごく難しいんですよ。フォルムが丸見えなので、ちょっと曲がっていたらそれがそのまま、しっかり見えてしまうんです。複雑なもののほうがわかりにくいですよね。とはいえ複雑なものが簡単というわけではないけれど、つぶしが効きやすい。

コレクションアイテムから ファッションへ

武：今、手書きをすることの良さが見直され、ガラスペンで手書きをすることが好きな方が増えています。今後どのようにガラスペンを広めていきたいとお考えですか？

長：ガラスペンを作るのが上手い人が増えたらいいなと思っています。ただし、「これくらいでいいかな」という段階で見切り発車をしないでほしい。購入者が使ってみて「これは書けない」と思われたらそこで終わってしまう。自分が納得のいく「書ける」段階になってから売れば、もっと有名になれるだろうし、何より僕が忙しくならないで済む（笑）。

武：でもそれは大事な視点。お弟子さんをとられる予定はあるんですか？

長：今のところは弟子はとらないつもりです。やりたい人がいたら教えるけれど、ＨＡＳＥ硝子工房としてではなく、自分の力でやっていってほしいと思っています。僕の名前は一切出さなくていいから、上手くなったら自分の名前で食っていってね、という。

武：そうやって裾野を広げていきたい、と。それにしてもなんでこんなにほしくなるんでしょうね、ガラスペン。1本持っていればいいじゃん！　って思うんだけど（笑）。

長：それ、作っている僕も思います（笑）。

武：自問自答してるんです。なんでこんなにほしくなるんだろうって（笑）。僕、香水もコレクションしているんですけれど、香水もなんでこんなにほしくなるんだろうと（笑）。でね、ＨＡＳＥさんのガラスペンをいくつ持っているんだろうと思って数えたら、17本持っていたんですよ。これ、多いかな。

長：いや、それは多いでしょ（笑）。でも、ほしいといってくれる人はひとりで何本もお持ちになっている感じですね。集めようと思うって、それってすごいジャンルだと思いませんか？　香水にしても。

武：インクにしてもね。僕はガラスペンはコーディネートも重要な要素のひとつだなと思う。この色のインクにはこの色のペンとか。で、それを写真に撮りたい、うまくいったらＳＮＳにアップしたいと思う。そうするとみんなにペンだけでなく、付随したものも伝わっていく。その投稿がきっかけになってインクを買う人もいればいいし、ガラスペンを買う人も増えればいいなと思うんです。「コレクション」をする人の中には、見ているだけでいいという人もいるんだけれど、僕は使わなくちゃ意味がないと思っていて。だから僕は使えるガラスペンしか買わない。香水もつけなくちゃ意味がないと思っているから、つけるシチュエーションを考えられない香水は買わない。道具は使うことを目的に作られていますよね。使わないのはもったいない。だから僕にとってガラスペンは、コレクションを越えているんですよね。

長：そうですよね。僕はガラスペンはファッションの域だと思っている。それはすごく大事なことだと思うんです。だからといっていっぱい買ってくれと思っているのではなく。気に入って使ってくれるのはもちろん、インクの色と合わせて使うとか、このペンとこのペンを組み合わせて何かを表現するというのをやってもらえると、作り手としてもとても嬉しいし、購入者の「世界」も広がっていくんじゃないかと思うんです。

武：道具というものの未来というか、今後進化していく方向というのが見えた気がします。

店内には試筆のコーナーもあり、自分の好みの書き味に調整してもらえる。

夜空を流れる彗星に想いを馳せて

彗星（グリーン）

11,000円

彗星のようなデザインが印象的なガラスペンです。握りやすさや書き心地なども考えられたフォルムで、中が空洞になっているので、軽いのもこのシリーズの特徴。カラーが豊富で、インクとのコーディネートも楽しい。

格子状の影に和を感じる美軸

辻風ショート

11,000円

つむじ風がまっすぐ上に巻き上がるイメージで作られたシリーズ。軸に施されたデザインが格子のような影を作り出し、独特の雰囲気を作り出しています。陰影を楽しみながらペンを走らせたい。

流れる水を思わせる波模様が美しい

指にフィットする程よい太さが魅力

流水ショート

11,000円

水の流れを表現した波模様のラインと、とろんとした質感が印象的なガラスペンです。光の加減や背景色などによって、印象ががらりと変わるので、さまざまな場面で使いたくなるシリーズ。

HASE硝子工房

埼玉県坂戸市仲町8-1
実店舗営業時間：
11:00～18:00
実店舗営業日：木、金、土曜日
※イベント出店などで
臨時休業する場合あり
HP：http://www.haseglass.com/

CHAPTER

2

煌《きら》めく ガラスペン 図鑑

基本的に1本1本が手作り。作り手のこだわりを詰め込んで生まれたガラスペンは、使う人との運命の出合いを待っています。本章では、29の作家やメーカーの美しい作品180本を解説します。まずは目で、ガラスペンの素晴らしさをお楽しみください。

後悔しない

ガラスペンの選び方

はじめては常に不安なものですが、扱いが独特のガラスペンは特に緊張すると思います。ポイントを知って、納得の1本を手にしてください。

01 ほしいガラスペンをイメージする

普段愛用している筆記具を基準に、ガラスペンをイメージします。ガラスペンは他の筆記具よりも、落とすと割れやすいこともあって、実用的な基準で選ぶならば、より手に馴染むものを選択しましょう。手が小さめの方は細く、短いペン。大きい方は太く長めのペンがおすすめです。

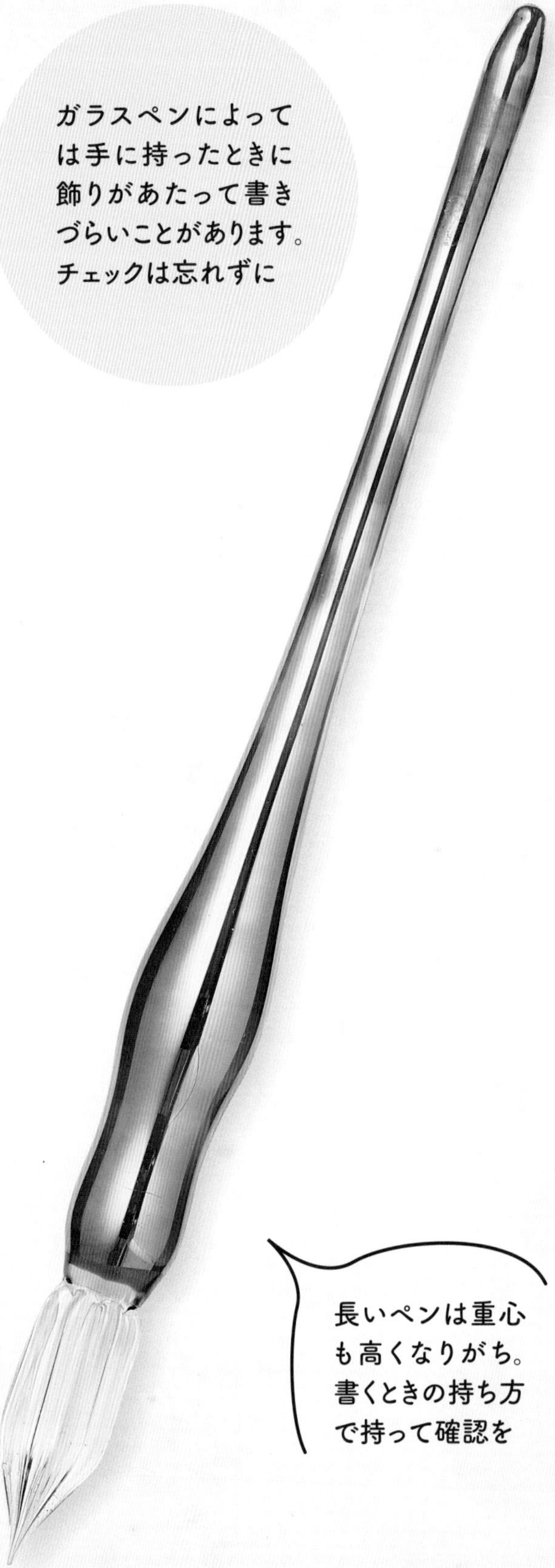

ガラスペンによっては手に持ったときに飾りがあたって書きづらいことがあります。チェックは忘れずに

長いペンは重心も高くなりがち。書くときの持ち方で持って確認を

02

使っていて楽しくなる色味のものを選ぶ

ガラスペンの魅力の根幹をなす光とガラスが渾然一体となった美しさは、手作りであるため1本1本微妙に異なります。自分の好みに叶うペンを選びましょう。

03

求める書き味かどうか試筆する

ガラスペンに美しさと共に実用を求めるのであれば、できれば試筆して選ぶことをおすすめします。P14、15でも紹介したようにペン先の形によって書ける太さが変わる上に、同じ細さの表示でも手作りゆえのブレがあり、微妙に違いが出てきます。百貨店やガラスペンをなるべく多く取り扱っているお店、または文房具のイベントで直接作家さんと会えるタイミングに試筆して決めるとよいでしょう。

試筆はくるくると円を書いて、書き始めと終盤でのインクの出方と線の安定度を確認するのがおすすめ。

GLASS PEN POINT

- 手に合う形をした1本を選ぼう
- 見てるだけで嬉しくなるペンを探そう
- 試筆して好みの筆記線のペンに決めよう

CMYK変換

aun

ガラス工房 aun

大きめのペン先で滑らかな書き心地を味わう

URL : http://www.edaakihiro.com

さまざまな色合いを楽しめる、ペン先にもこだわりのあるガラスペンたち

aunのオーナーであり、作家でもある江田明裕さんは、2003年にガラスづくりの基礎を習得し、その後岡山市で工房を設立、2013年からショップを併設した工房を始め、2017年に倉敷の美観地区に移転し、現在は全国津々浦々のイベントなどにもひっぱりだこです。表情豊かなデザインで、ボロシリケイトガラスの軸と、研磨師である小野拓さんによって調整されたペン先で書き心地のよさに定評があります。

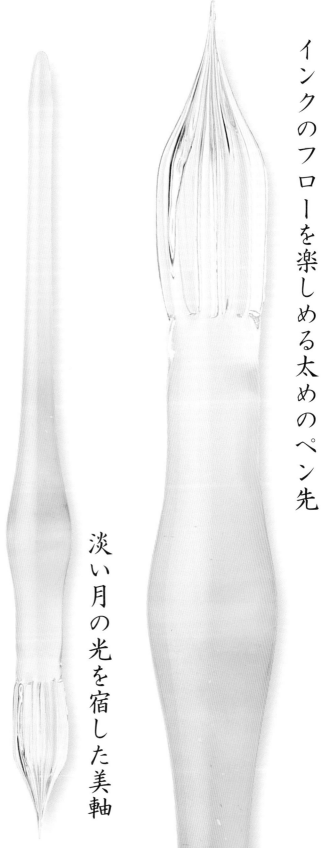

インクのフローを楽しめる太めのペン先

淡い月の光を宿した美軸

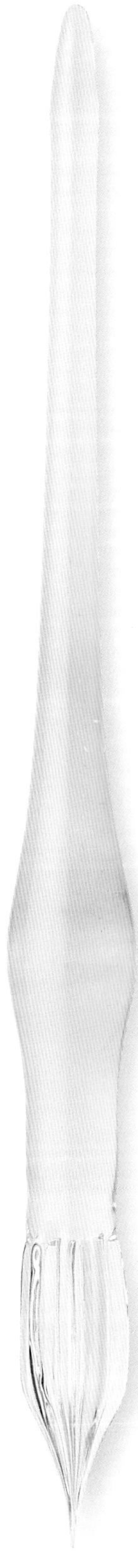

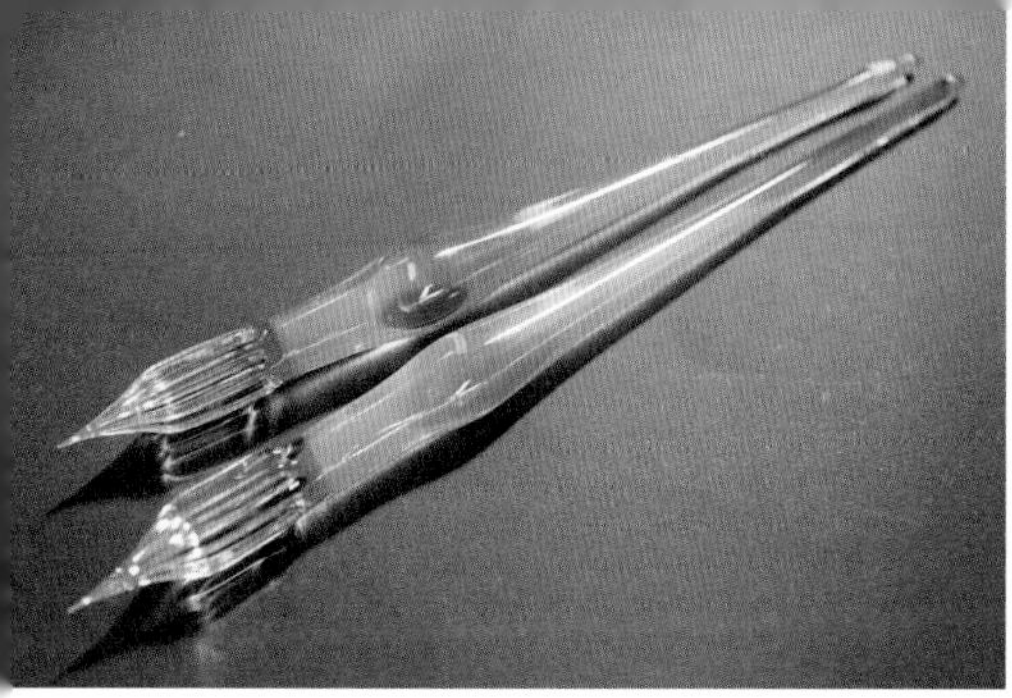

黒い背景のときは、うっすら青みがかった乳白色に見える。

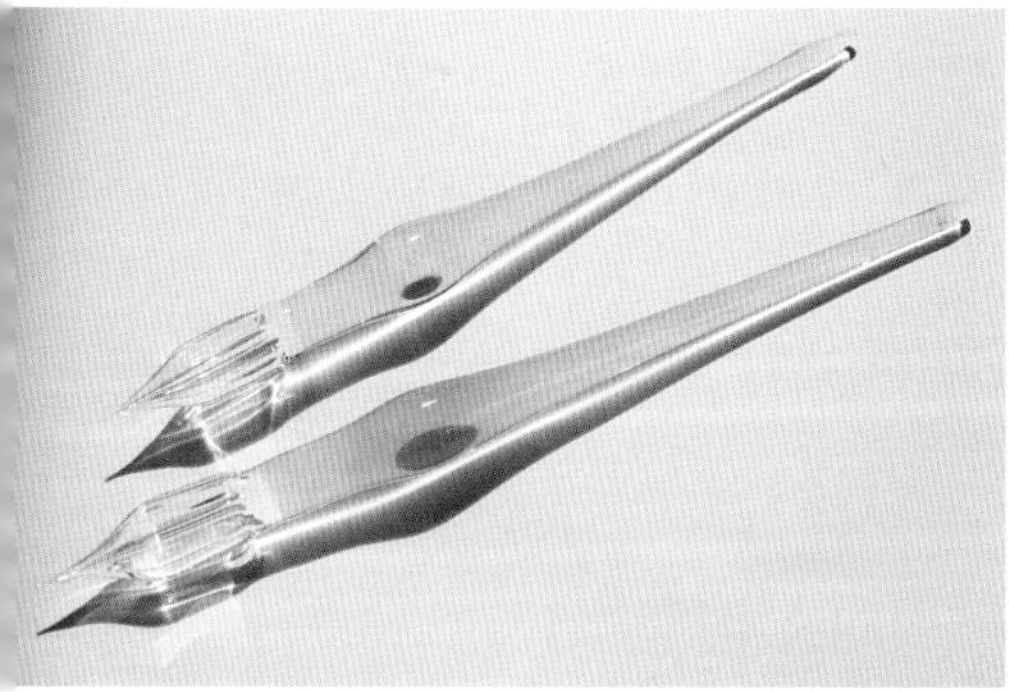

白い背景だと淡い黄色に見えるところがユニーク。

いろいろな色の紙の上に置いたり、光に透かしたりして映り変わる表情を楽しみたくなる

月

5,500円

月の光をイメージした優しい色合いのガラスペンは、光の加減や紙の色によって表情を変えるところが人気です。月の輝く夜にゆったりとした気持ちでペンを走らせたくなります。

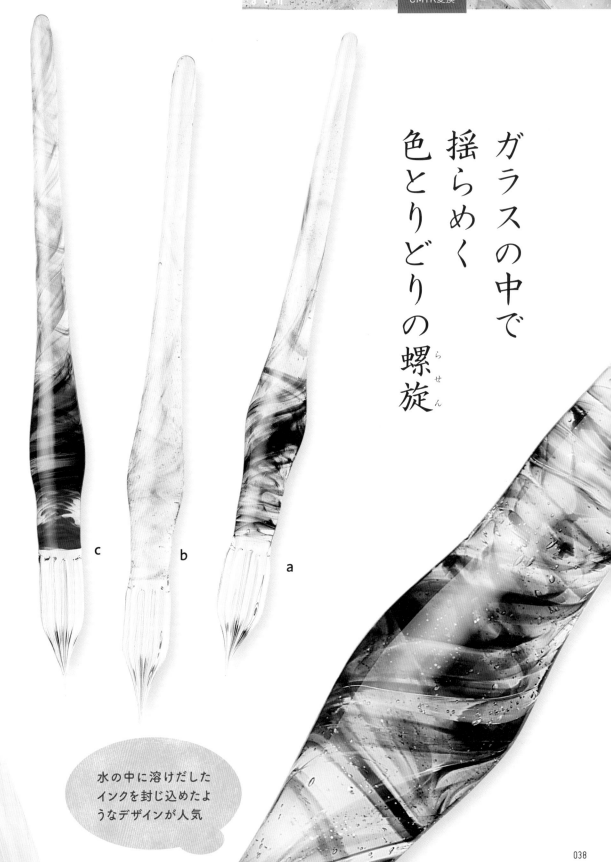

ガラスの中で揺らめく色とりどりの螺旋《らせん》

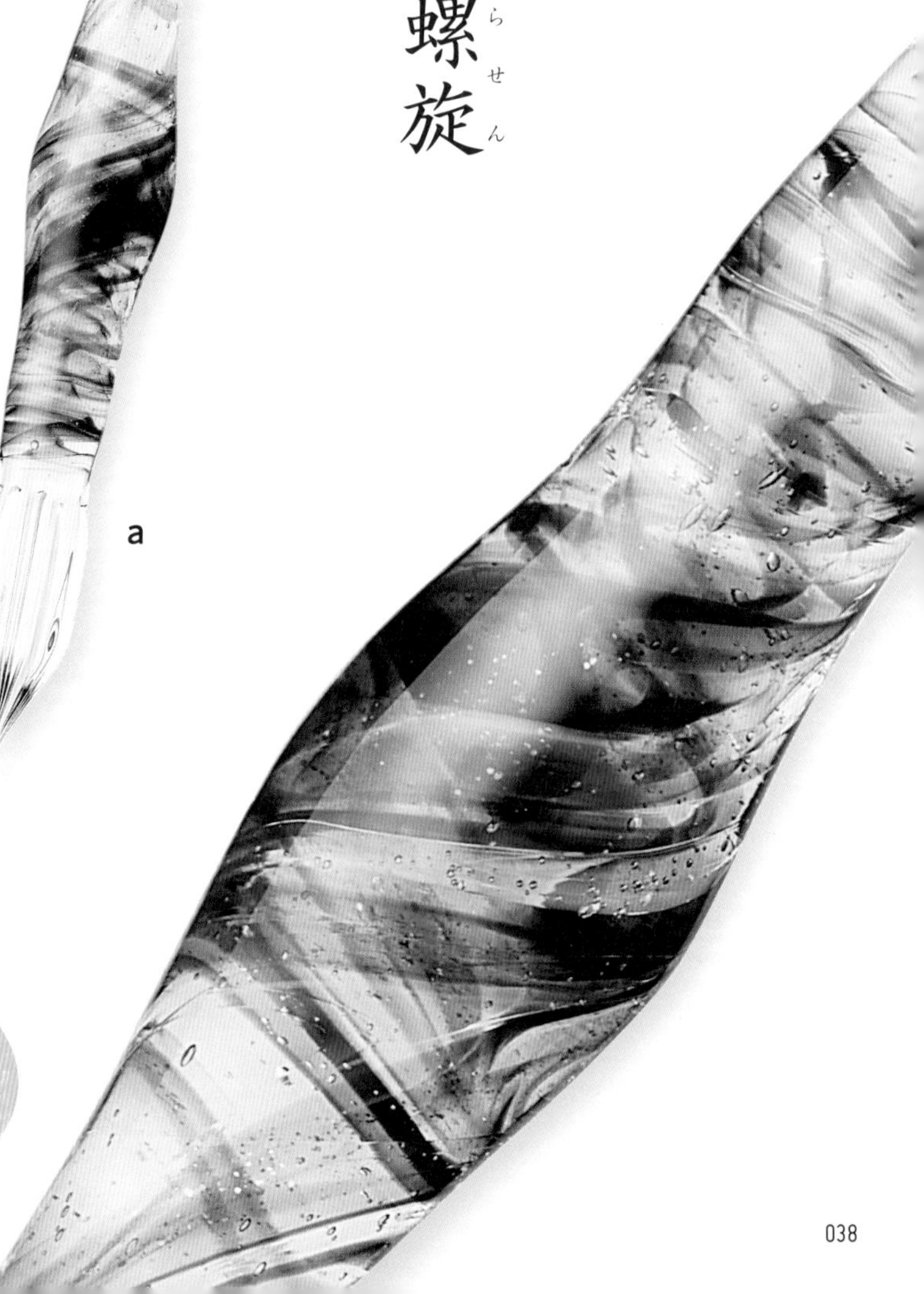

水の中に溶けだした
インクを封じ込めたよ
うなデザインが人気

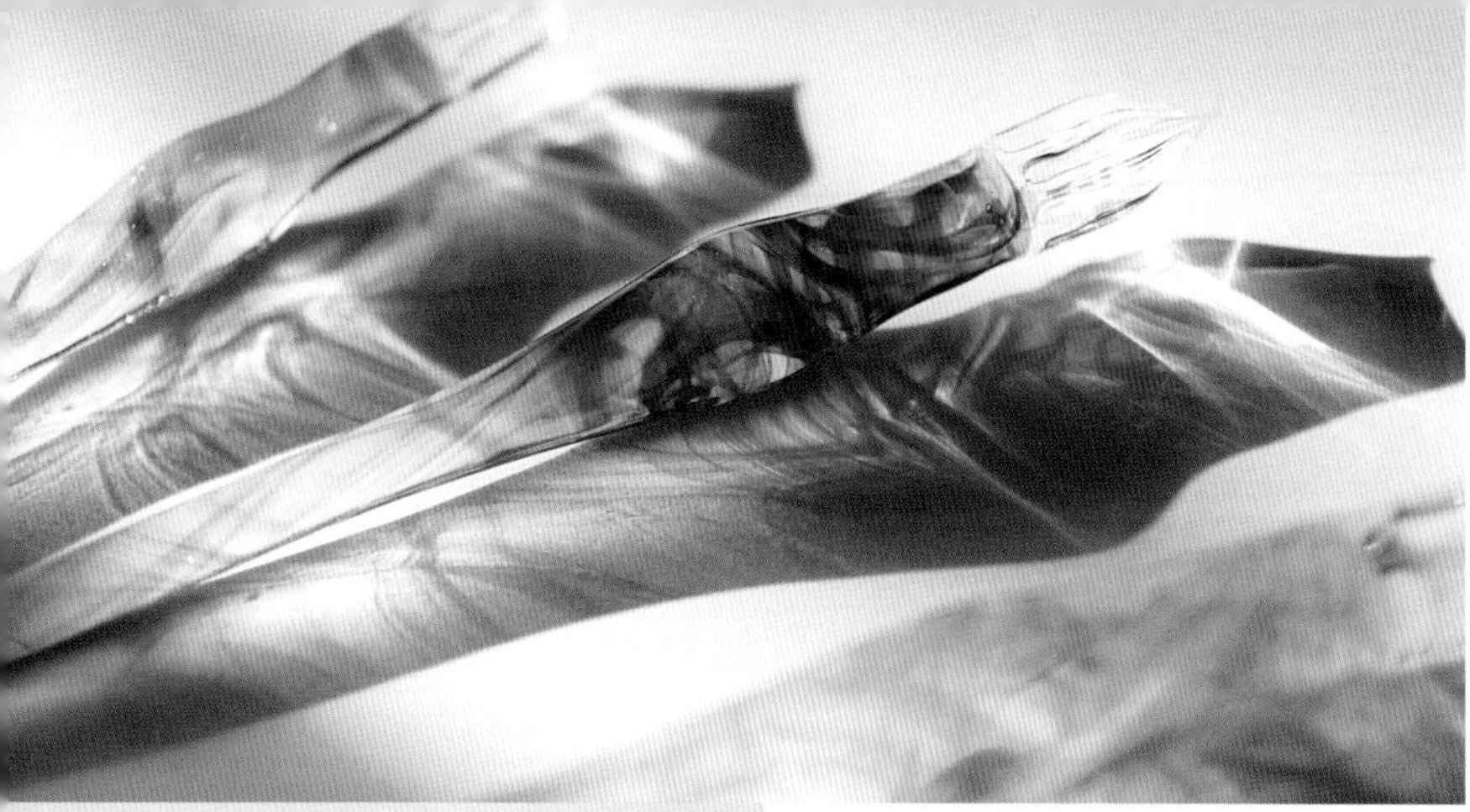

光に透かしたときに生まれる色の陰が神秘的

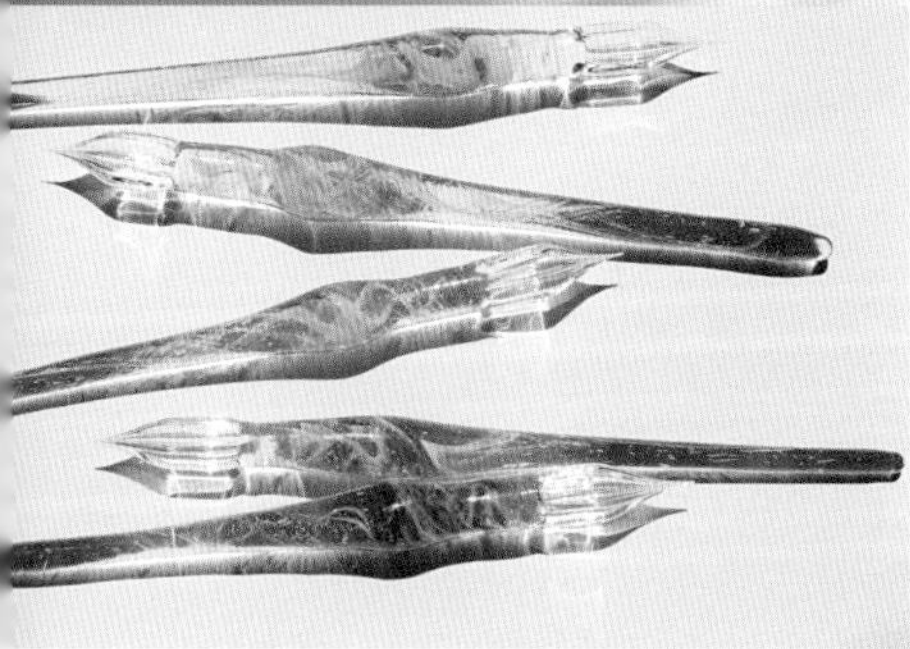

ハンドメイドで作られているため、1本1本色の入り方も違い、自分だけの1本を選ぶ楽しみがあります。同じ色でも異なる表情を見られるのもガラスペンの面白さ。

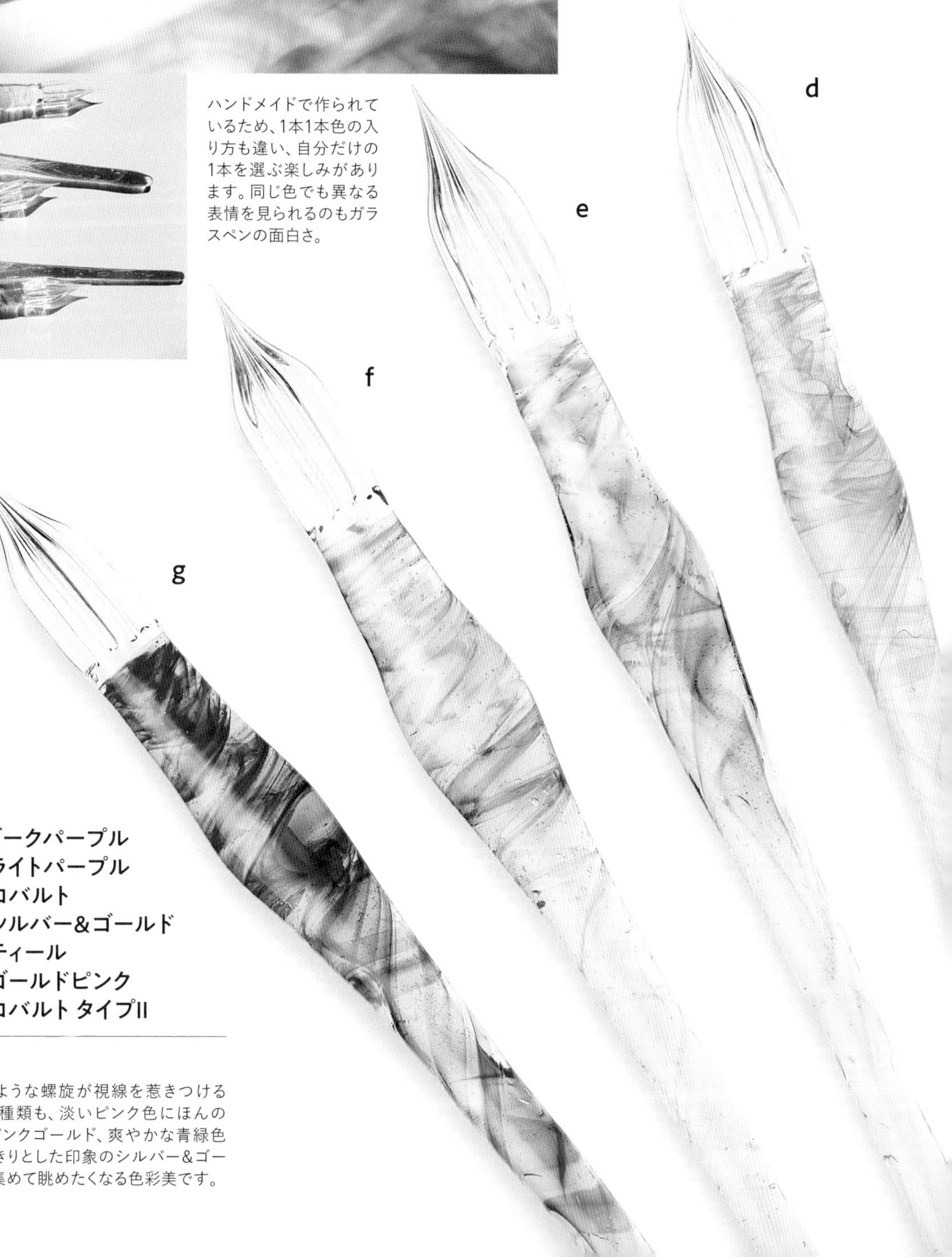

a.マーブル ダークパープル
b.マーブル ライトパープル
c.マーブル コバルト
d.マーブル シルバー&ゴールド
e.マーブル ティール
f.マーブル ゴールドピンク
g.マーブル コバルト タイプII

各**7,700**円

マーブル模様のような螺旋が視線を惹きつけるガラスペンです。種類も、淡いピンク色にほんのり金色が入ったピンクゴールド、爽やかな青緑色（ティール）、すっきりとした印象のシルバー&ゴールドなどがあり、集めて眺めたくなる色彩美です。

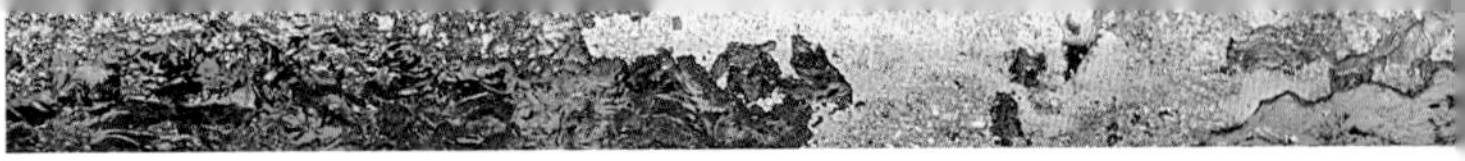

吹きガラスの技法が光る

Glass Studio TooS《グラススタジオ トゥース》

URL : https://glass.toos.jp

個性豊かなガラスペンを生み出す秘策とは?

バーナーを使うガラスペン作家が多い中、Glass Studio TooSの岡本常秀さんは、吹きガラスの技法を使いガラスペンを製作している日本唯一の作家です。さらに軟質ガラス自体、原料(珪砂等)を溶解して作っているところも特徴的。吹きガラス&軟質ガラスという組み合わせによる独特の風合いを楽しめます。

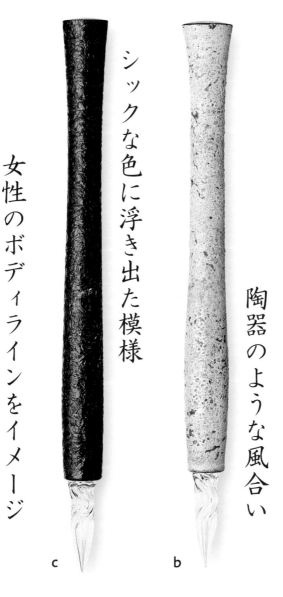

独特の触り心地を味わう

a

陶器のような風合い

b

シックな色に浮き出た模様

c

女性のボディラインをイメージ

d

a.ORIENT Green fluorilte ｜ 16,500円
b.ORIENT Roman ｜ 17,600円
c.ORIENT Sapphire ｜ 16,500円
d.Chess Pawn clear ｜ 11,000円

チェスの駒をモチーフにしたという「Chess」シリーズは、軸のゆるやかな曲線が手に馴染むガラスペンです。特に「pawn」は「Chess」シリーズのスタンダードな形で、シンプルな形でありながらも、優美さを兼ね備えています。

まるで朽ちた木の肌を思わせる表面の銀の素材感が魅力的です。ターコイズ色とホワイトのコントラストが楽しめます。

まるで氷の彫刻のような芸術品

icicles clear

9,350円

つららのような削り模様が施されたデザインが特徴的です。ガラスならではの質感を味わうことができます。

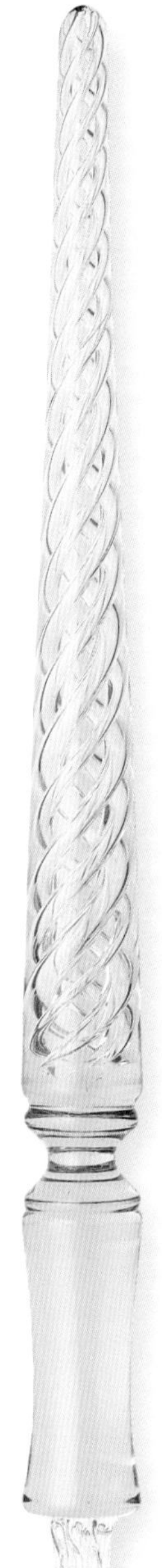

天まで聳《そび》える泡のトルネード

twist blue

10,450円

ガラスの中の気泡をツイストさせたデザインは高級感あふれ、持つ喜びと書く喜びの両方を満たしてくれます。

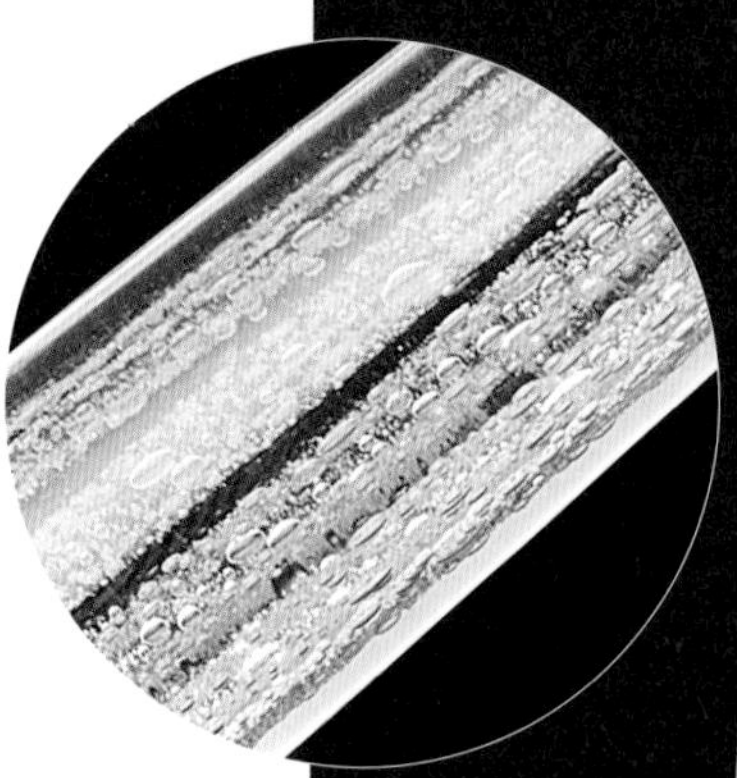

軸の上部のガラスに封じ込められたような18本の細かい泡のラインが光の中で乱反射する様子はとても神秘的です。

軸の中に永遠に浮かぶ細かい泡沫

babble stripe clear

9,350円

TooSの吹きガラスペンのフラグシップモデルである「ever」シリーズは、飽きのこないフォルムが特徴で、「あなたの傍らで永く在り続けてほしい」という作家の想いが込められたシリーズ。

※「ever」シリーズのボディカラーは、ワイングラスや香水瓶などに使用されるSDGsに取り組んだスウェーデン産の原料を溶かしてできるクリアタイプのガラス、豆殻の灰とリサイクルガラスを混ぜ合わせて作られた淡いインディゴブルーのガラス、地元鉱山から出る鉱物と日本で調合された原料からできる黄みがかった優しい緑色の3色から選ぶことができます。

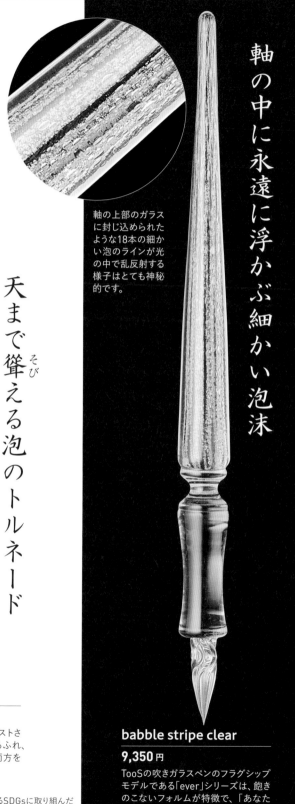

カリグラフィーを楽しめる「リボンニブ」は、薄い長方形状に加工されたペン先で、縦横の太さがまったく異なる文字が書けます。さらに、ペン先がふたつに分かれている「リボンニブツイン」も装飾的な文字を書くのに適しています。

朱塗りと銀の流線の高級感あふれる模様

竹取物語がモチーフ

f

g

e

KABUKI 和藤内

16,500円

日本の伝統芸能である歌舞伎をモチーフにしたガラスペンです。漆塗りを思わせる色合いを楽しむことができます。軸の一部に艶やかな銀泥を飛ばしたデザインは伝統的でありながらも現代的なスタイリッシュさがあります。

「KABUKI」シリーズは、松王丸（黒）、和藤内（赤）、景清（濃紺）の3色のボディーカラーから選ぶことができます。

TAKETORI

e. 百華 純白 ｜ 16,500円
f. かぐや姫 ｜ 13,200円
g. かぐや姫 Ribbon Nibs ｜ 13,200円

竹の節をイメージしたボディは、万年筆のようなバランスで握りやすいところも大きな特徴。ペン先だけでなく、色のバリエーションも豊富で、手元でじっくり味わいたいガラスペンです。

STUDIO TESSAR

Arts and Crafts 哲磋工房

URL : https://studio-tessar.com

「魔法を手にするガラスペン」をコンセプトにした神秘的なガラスペン

愛知県岡崎市生まれの中根卓治さんは、2009年にガラスのワークショップを受け、会社員の傍ら、クラフトイベントなどに出店していました。2014年に哲磋工房として独立し、独学でガラスペンの制作を開始。美しさと安定した書き心地のよさを両立したガラスペンは人気を博しています。

美しさと書き心地を追求したペン先に宿る魔法

文字を書く喜びを後押ししてくれる美軸

星のセレナーデ（ムーンストーン）

36,000円

アンティークな雰囲気の軸の中には天の川のような煌めくラインが流れ、中心部にはオパールが封じ込められた軸。一見シンプルに見えるフォルムですが、細かい部分にまで匠の技が感じられます。

軸に封じ込められた魔法の煌《きら》めき

Wizard（インディゴ）

38,000円

魔法使いの杖をイメージして作られたガラスペンです。ダイクロガラスをふんだんに使用した軸に施された装飾、そして青白い線と気泡を纏ったオパールの輝く天冠のコラボレーションが魅力的な1本です。

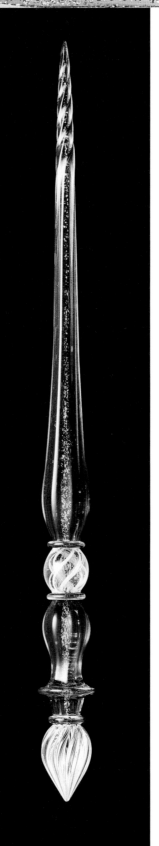

バレリーナの立ち姿を感じさせるフォルム

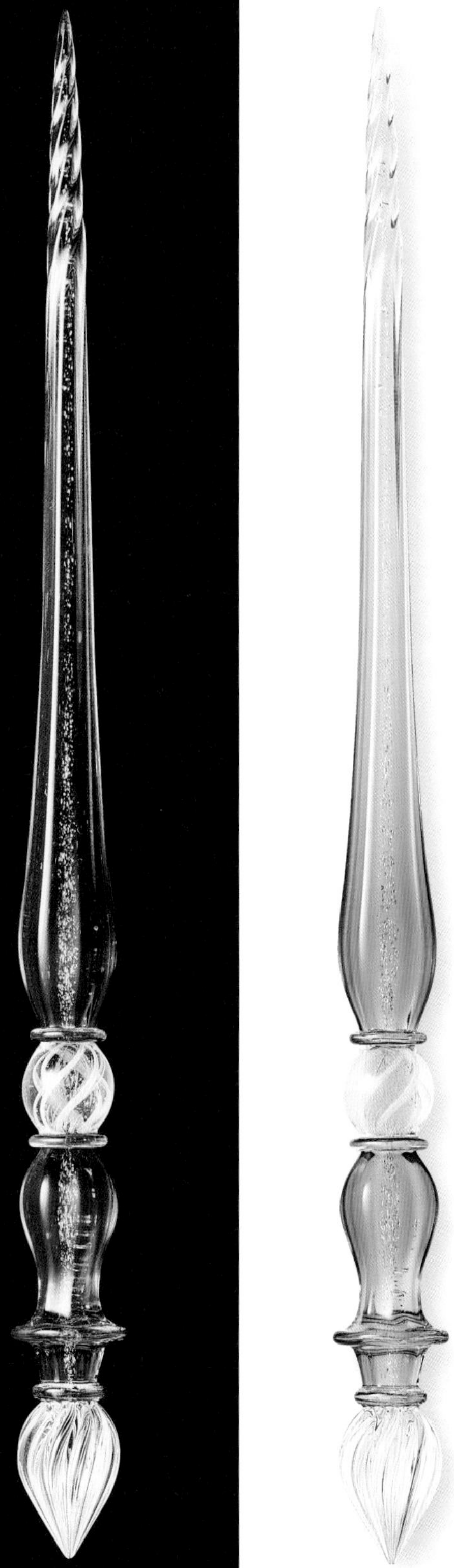

a

インクの海を泳ぐ魚のフォルム

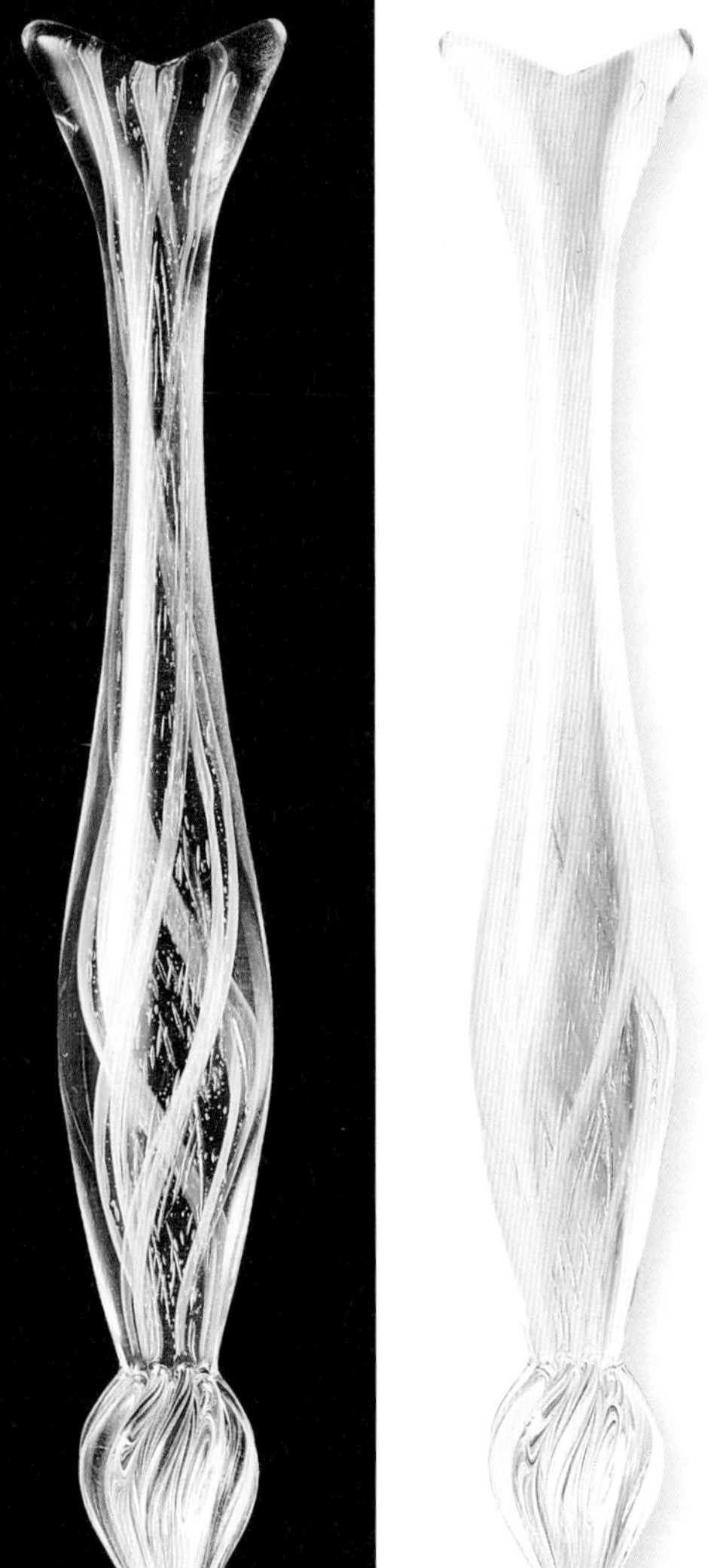

b

割れにくい形状で作られた丸みを帯びたニブ（ペン先）は、その形から「ぽちょニブ」と呼ばれている

日本刀をイメージしたシャープなたたずまい

さまざまな色の
ダイクロガラス※が
小宇宙のようで、
美しく手元を
演出してくれる

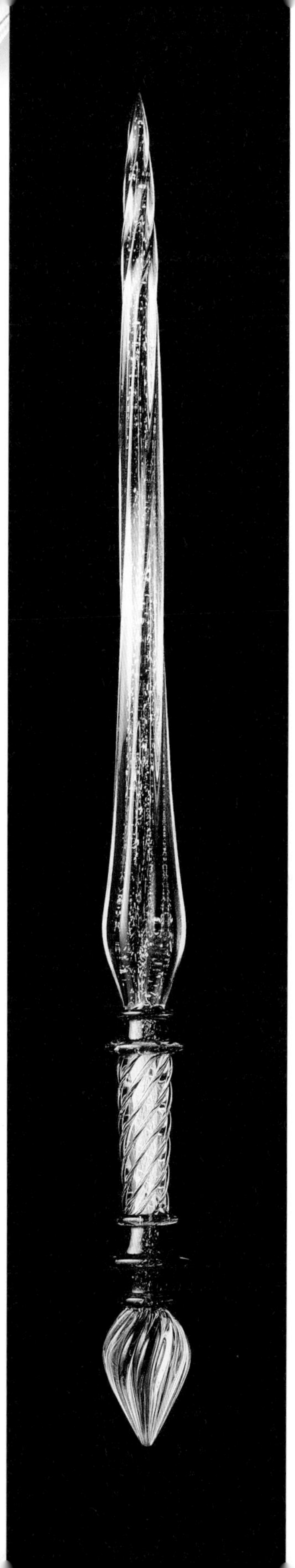

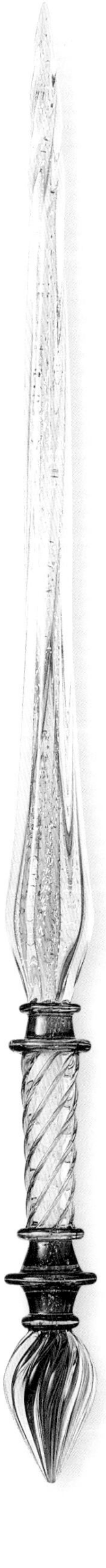

c

a. アラベスク

26,000円

バレリーナの美しく伸びる手足を連想させる形から、「アラベスク」と名付けられたガラスペン。見た目よりも軽く手に馴染みやすい。1本ずつさまざまな色とフォルムが組まれていて、そのほとんどが一点物。1本の中にさまざまなフォルムが組み込まれているところも独創的。

b. I wish !

15,000円

まるで魚のようなくびれと丸みを帯びた可愛らしいガラスペンです。軸の中には細かい泡状のラインが波打ち、動きのある模様になっているので疾走感を感じさせます。ショート軸なので、手の中で自在にくるくると操ることができます。

c. 言ノ刃

30,000円

日本刀をイメージした、静岡の文具館コバヤシとのコラボ商品。スマートでクールなデザインと、シックな色合いが凛とした雰囲気を醸し出しています。ぽちょニブは、筆記角度によって強弱のついた文字が書けるので、筆のような筆記を楽しめます。

※ガラスに金属を真空蒸着させたもの

手にしただけで
童心に帰る
遊び心ある逸品

GURI KOBO

ぐり工房

URL : https://gurikoubou.stores.jp/

愛らしく繊細なペンを紡ぎだすガラス工房

美術大学でガラス工芸を学んだ殿木久美子さんが「かわいくて美味しそう」というコンセプトでデザインを担当し、6人からなるチームでガラスペンを制作している工房です。ボロシリケイトガラスという耐熱ガラスを、酸素バーナーで溶かして形成する技法で作られたガラスペンは、淡い色合いと繊細なデザインがガラスペンの性質にマッチし、眺めているだけでわくわくします。

ソーダ水を思わせる淡いブルー

とろりとしたはちみつの輝きを宿した色

爽やかな草原の風を思わせる1本

グラマラスショート
a. Blue
b. Honey
c. Green

各 **8,250** 円

名前の通り、まるで女性の体を思わせるような曲線が特徴的なシリーズです。くびれの部分が指にフィットして書きやすいのもこのシリーズの大きなポイント。

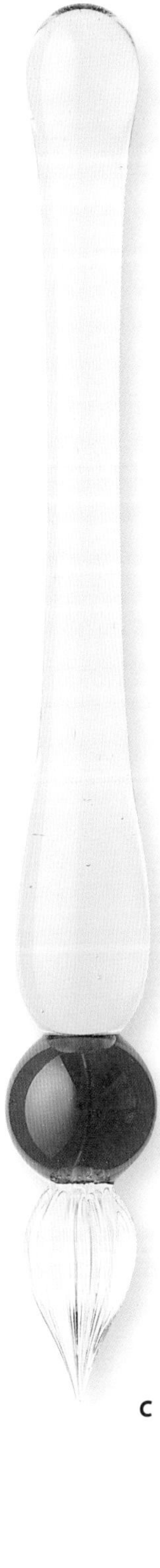

c

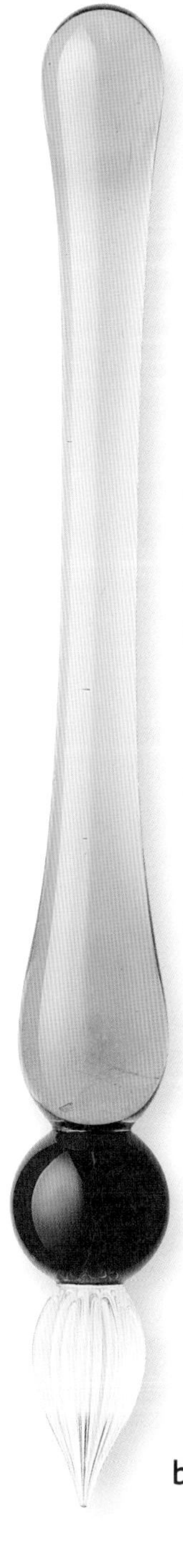

b

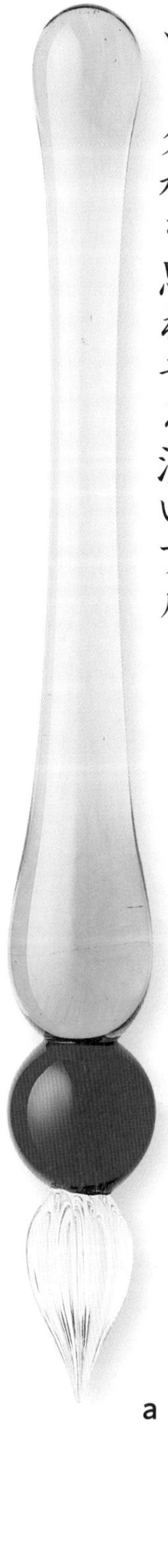

a

深緑色の球体のガラス玉は、まるで抹茶飴のよう

飴玉のような球体は、軸の後ろだけではなく、持ち手にもついているので、書いているときに常に視界に入ってきて、それだけでも楽しい気持ちになります。

子どもの頃を思い出しながら文字を書き綴る楽しさ

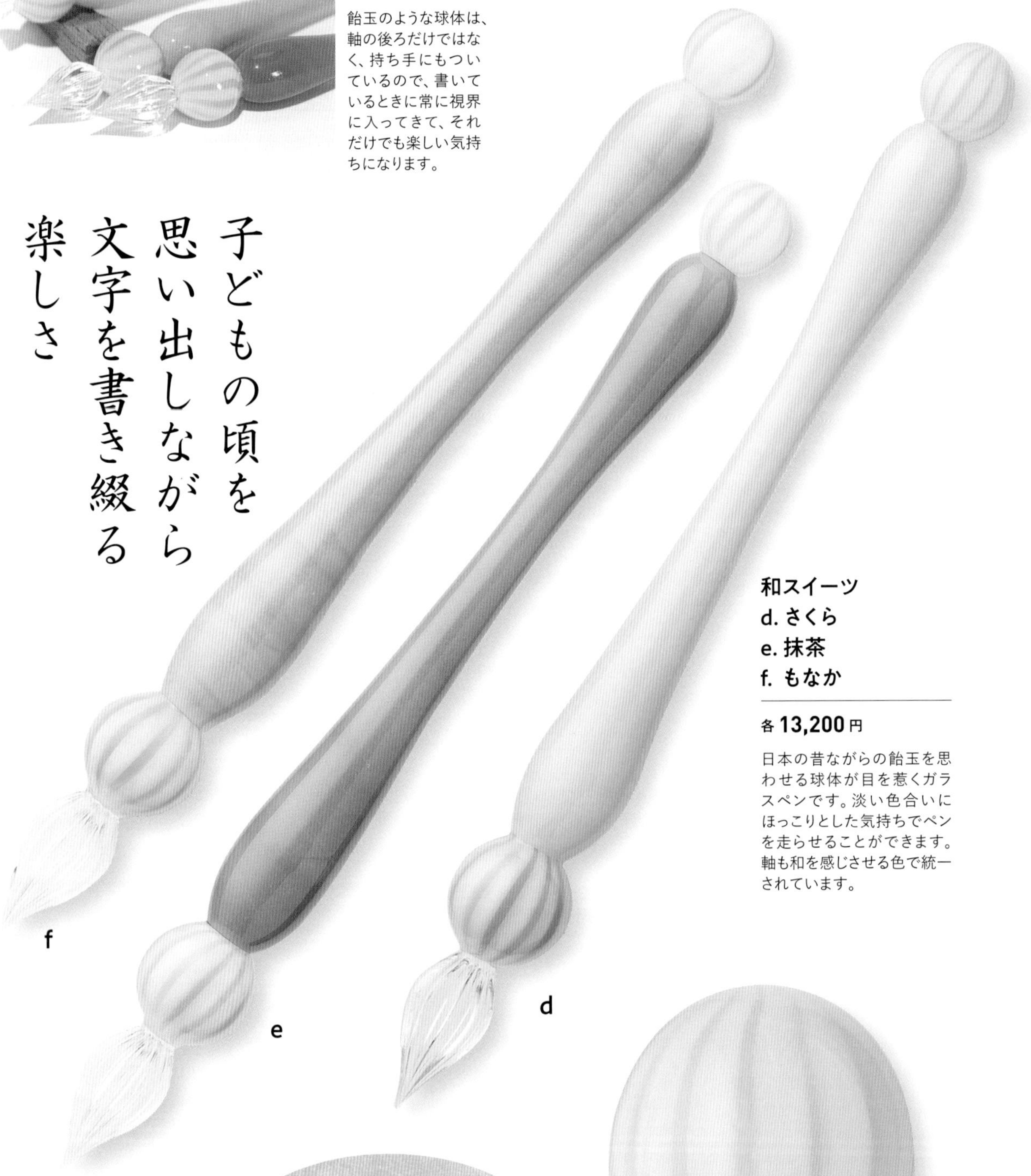

和スイーツ
d. さくら
e. 抹茶
f. もなか

各 **13,200**円

日本の昔ながらの飴玉を思わせる球体が目を惹くガラスペンです。淡い色合いにほっこりとした気持ちでペンを走らせることができます。軸も和を感じさせる色で統一されています。

4色の淡い色合いの線に和のテイストを感じる

まるで空に浮かぶ虹のよう

濃い色ガラスで加えられた螺旋模様

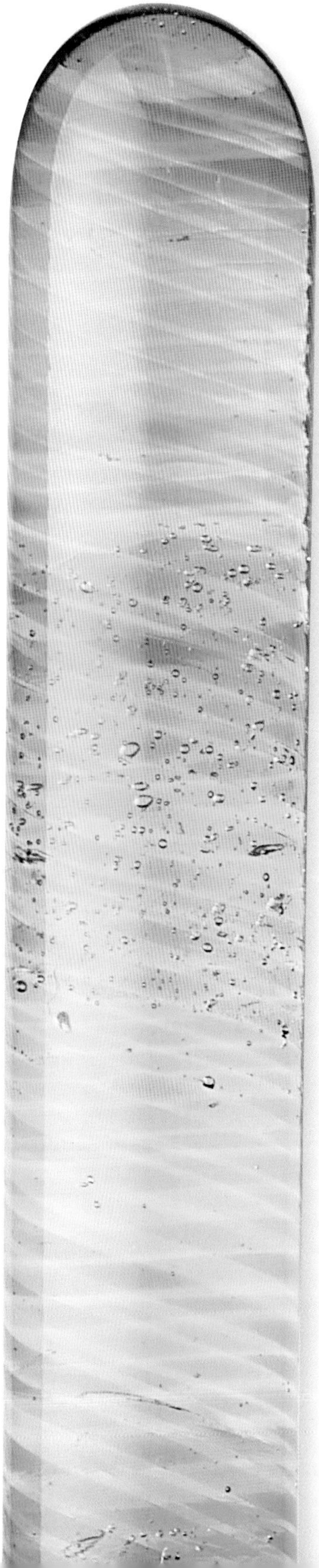

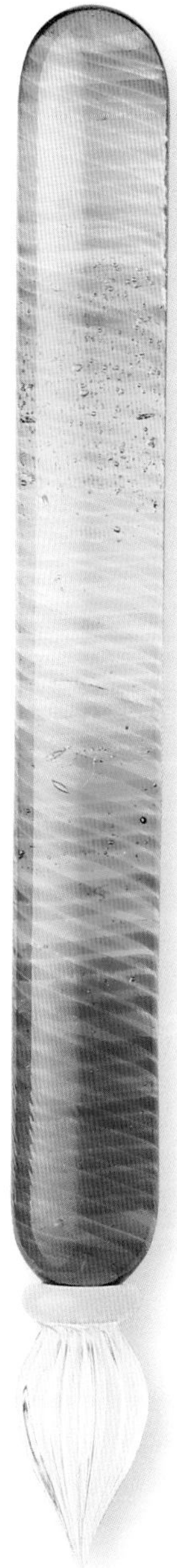

g

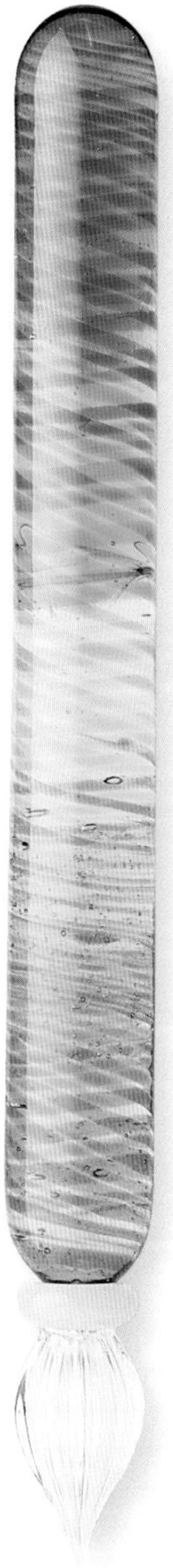

h

Rainbowショートスティック
g. Purple→Pink
h. Pink→Purple

各 15,400円

5つの色の組み合わせは、ピンクから始まるタイプと、紫から始まるタイプがあります。ペン先がかけた場合や軸とペン先の付け根が折れた場合など、工房に問い合わせれば修理ができるので、長く愛用できます。

虹色に並べられた透明の淡い色ガラスと、より深い色合いが楽しめる斜めのストライプ柄が表情を豊かにしている

TAEKO YAMADA

ガラススタジオ ひとつ房主宰 山田妙子

URL : https://www.hitotsubou.com/

ペン先に宿る 色の揺らめき

ペン先までの色の統一感 作者のこだわりを感じるガラスペン

「1坪の工房からこの世でひとつだけの作品を作りたい」という想いから名付けられた「ひとつ房」は、沖縄在住のガラス工芸作家である山田妙子さんのバーナーワークガラス工房です。垂直でも寝かせても書けるように調整されたガラスペンはペン先まで色が行き届いているものが多く、ひとつ房の作品の大きな特徴と言えます。これは、「ペンを全体的に見た際に統一感のある作品とする」ための作家ならではのこだわりでもあります。

インク瓶
a.ブルー
b.グリーン
c.イエロー
d.ブルーストライプ

各 13,200 円

銀座 伊東屋 限定の、軸の頭のインク壺がポイントのガラスペン。インク好きの人たちの間でも人気を誇っています。使うインクによってガラスペンの色も変えてみるのも楽しみ方のひとつ。

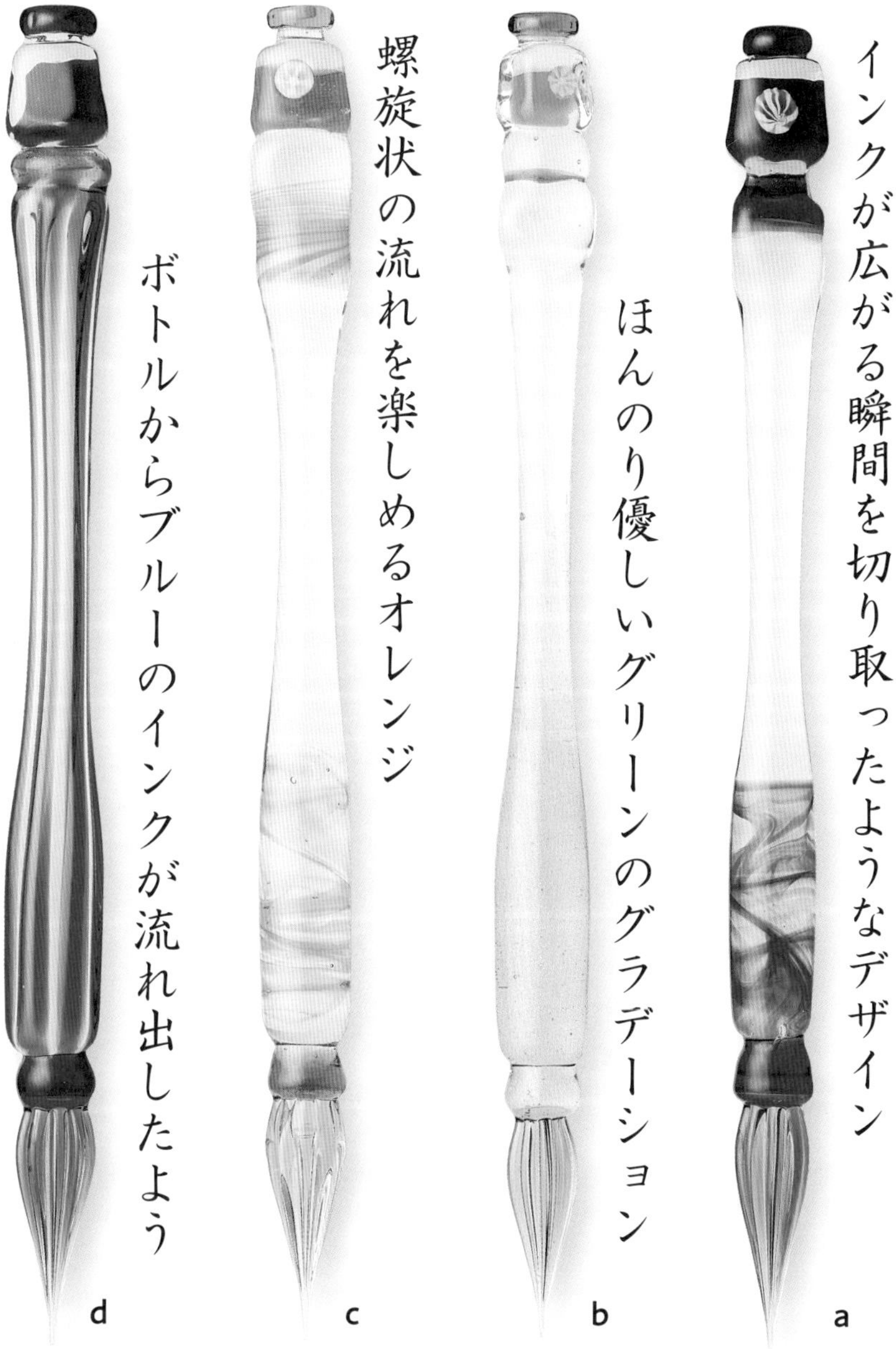

インクが広がる瞬間を切り取ったようなデザイン

ほんのり優しいグリーンのグラデーション

螺旋状の流れを楽しめるオレンジ

ボトルからブルーのインクが流れ出したよう

d c b a

本当にインクが入っているのではないかと思わせる天冠のインクボトルも、インクマニアの心をくすぐる

郷愁をそそられるレトロな赤いポスト

e

小さいながらもポストの頭や、投函口など、細かいところまで作り込まれている

e. ポスト

13,200円

こちらも銀座 伊東屋 限定のガラスペン。天冠の赤いポストに合わせた軸の色、そして夕陽を思わせるオレンジ色のペン先にセンスを感じるデザイン。

淡いブルーとチェックの競演

チェック柄の入ったガラスペンはまるでヨーロッパの石畳を思わせます

f

f. チェックなガラスペン

各16,500円

モザイクのようにも見えるチェック模様が上品なガラスペンは、ブルーの他に、グリーン、イエロー、ピンク、ホワイトの全5色があり、ペン先も同じ色で統一されています。

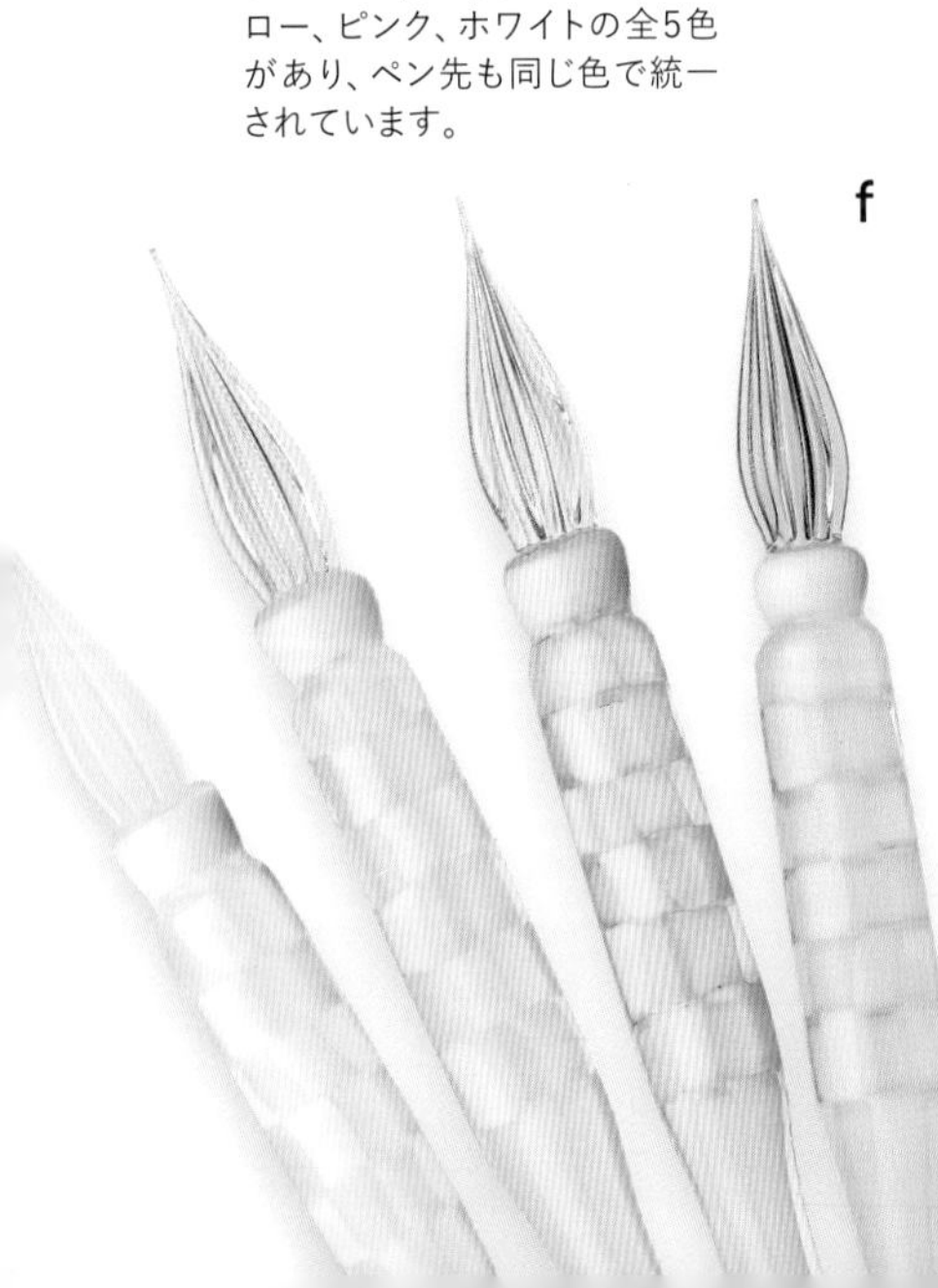

黒と金が織りなす高級感漂うマーブル模様

可憐な青い花を封じ込めた優美な天冠

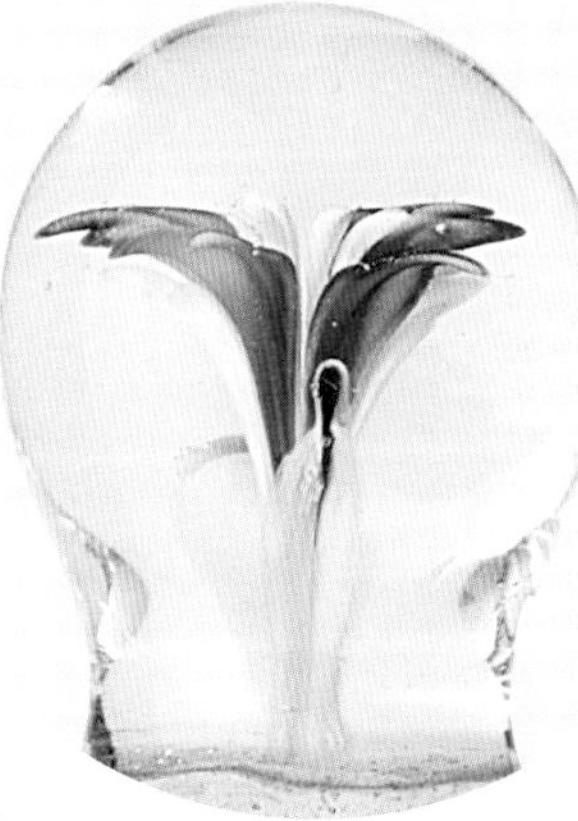

繊細な青い花びらは見る人の心を癒やしてくれる

軸の中で舞っているように見える美しく青い花びらは儚げでもある

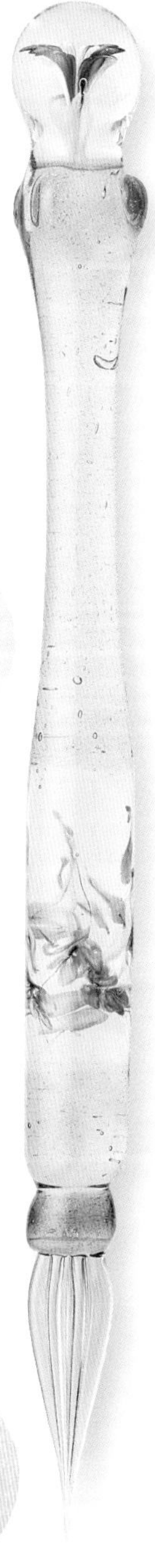

h

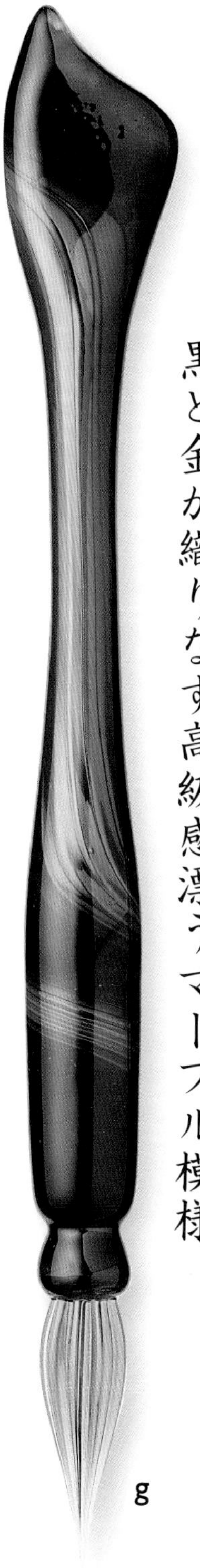

g

2色のマーブル模様がガラスではないような質感を出しているところが魅力

g.黒地に金沙

11,000円

黒と金のマーブル模様が気品を感じさせるガラスペンです。軸の頭の部分が平べったい形は、軸が机の上でも転がらないための工夫です。

h.花畑

22,000円

天冠の青い花びらに始まり、軸の上部は淡いブルーの色が、そして途中から軸の中にも花びらが浮かび、さらにガラスペン先の淡いブルーの色に至るまで、繊細な世界観を感じられるガラスペンです。

触りたくなる期待感
ユニークな形の
ガラスペンたち

GLASS STUDIO SYNAPSE

GLASS STUDIO しなぷす

ガラスペンの可能性を感じる
多種多彩なスタイル

多摩美術大学ガラス工芸科を卒業後、吹きガラス工房で修業。2017年からGLASS STUDIO しなぷすを開設したガラス作家並木亮太さんのガラスペンは既存の枠にとらわれず1本1本さまざまな造形のガラスペンを作成しているのが大きな特徴です。

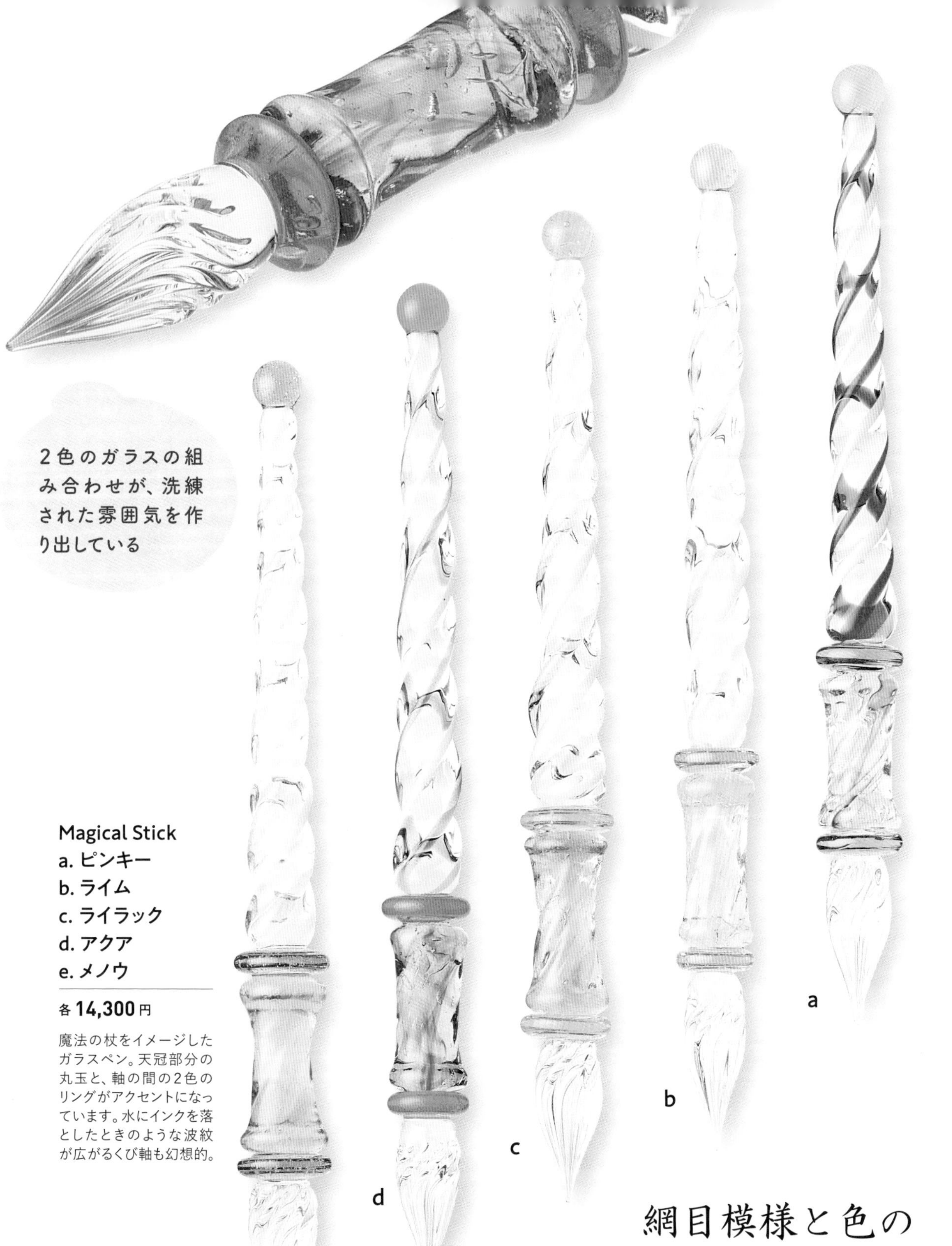

２色のガラスの組み合わせが、洗練された雰囲気を作り出している

Magical Stick
a. ピンキー
b. ライム
c. ライラック
d. アクア
e. メノウ

各 **14,300** 円

魔法の杖をイメージしたガラスペン。天冠部分の丸玉と、軸の間の２色のリングがアクセントになっています。水にインクを落としたときのような波紋が広がるくび軸も幻想的。

網目模様と色の組み合わせが面白いポップな魔法のステッキ

インクが水の中で漂いながら広がっていくイメージはまさにガラスペンの真骨頂

ねじれた色模様に吸い込まれそう

異なる形のパーツから成る絶妙な調和

g

f

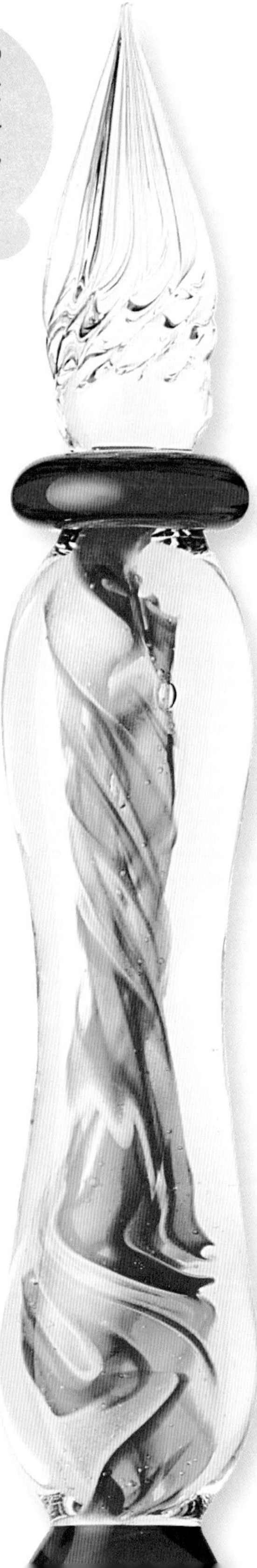

f. Color Drip ロング（フレア）｜19,800円

g.Color Drip ショート（スターダスト）｜17,600円

球体の天冠、色のついた円錐形、楕円系そして、くびれのある細いひょうたん型の透明ガラス、さらにインク止めのリングと、本体が異なる形で仕上がっている珍しいガラスペンです。指がフィットする部分はくびれていて、書きやすくて、持ち心地もしっくりきます。

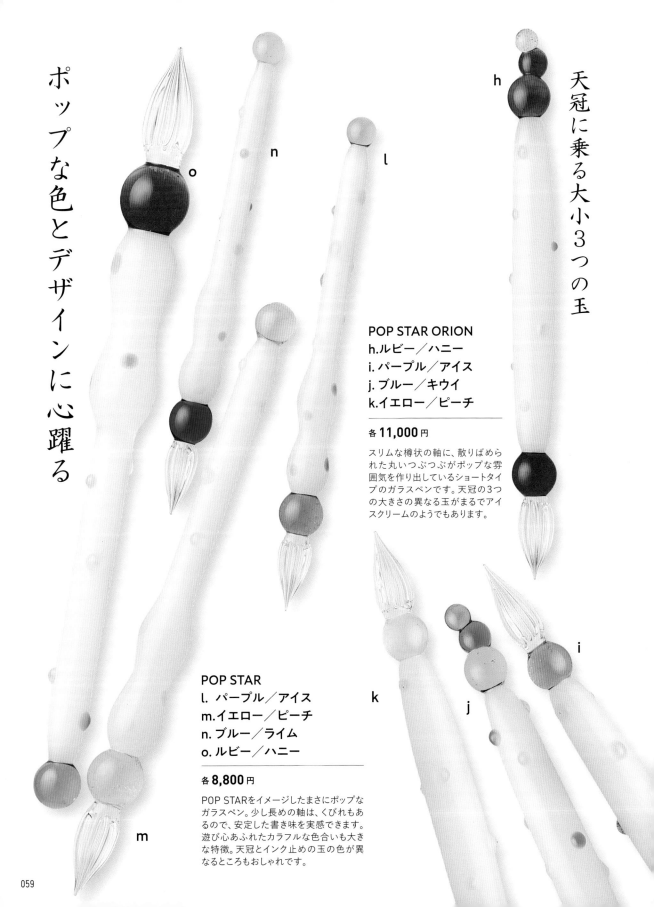

天冠に乗る大小3つの玉

POP STAR ORION
h.ルビー／ハニー
i. パープル／アイス
j. ブルー／キウイ
k.イエロー／ピーチ

各 **11,000** 円

スリムな樽状の軸に、散りばめられた丸いつぶつぶがポップな雰囲気を作り出しているショートタイプのガラスペンです。天冠の3つの大きさの異なる玉がまるでアイスクリームのようでもあります。

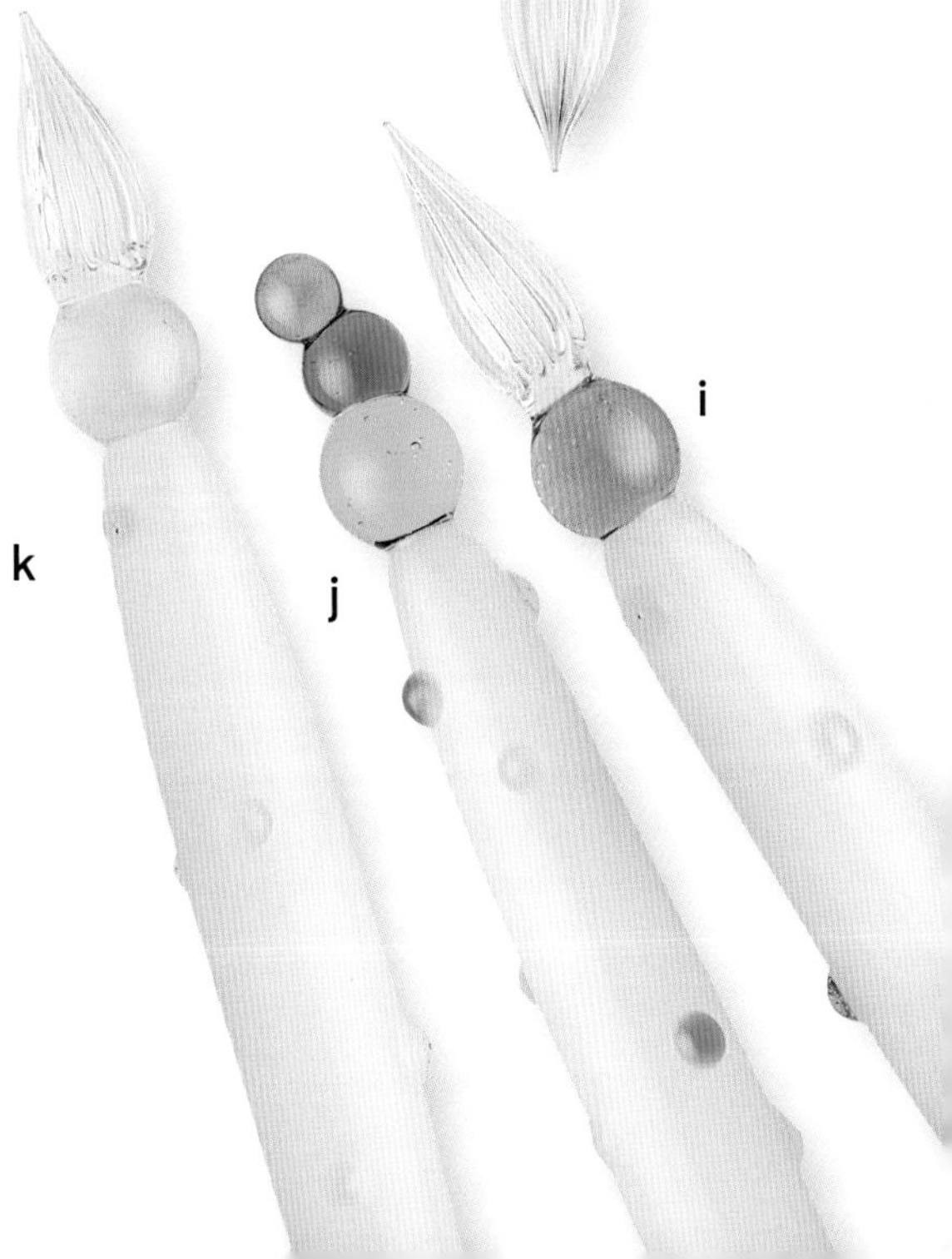

ポップな色とデザインに心躍る

POP STAR
l. パープル／アイス
m.イエロー／ピーチ
n. ブルー／ライム
o. ルビー／ハニー

各 **8,800** 円

POP STARをイメージしたまさにポップなガラスペン。少し長めの軸は、くびれもあるので、安定した書き味を実感できます。遊び心あふれたカラフルな色合いも大きな特徴。天冠とインク止めの玉の色が異なるところもおしゃれです。

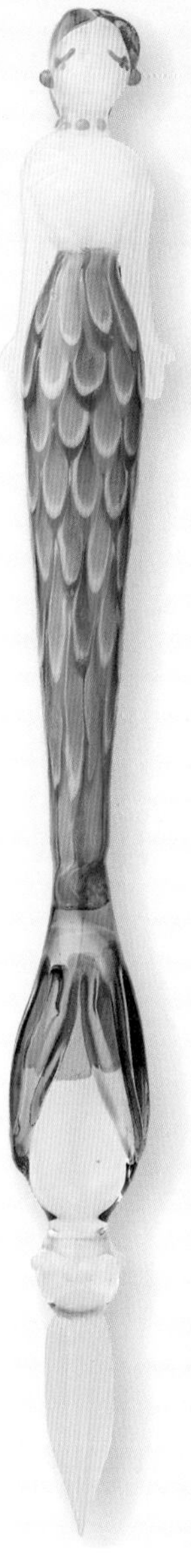

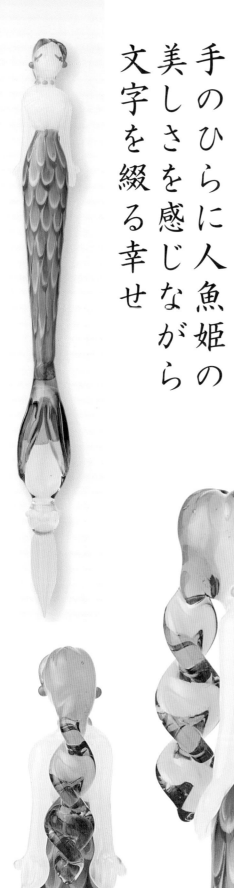

手のひらに人魚姫の美しさを感じながら文字を綴る幸せ

グラスカオリア

glass kaoria

URL : https://www.glasskaoria.com

物語性のあるガラスペンの芸術

2018年に京都でガラス工房を始めたガラス作家のKAORIさんは、ガラス工房まつぼっくり（P. 90）の松村潔さんの元で、酸素バーナーワークを習得。ストーリー性のあるユニークなガラスペンは筆記具というだけでなく、芸術品のようでもあり、詩的な世界観を作り出しています。

限定品
人魚姫 Sara

35,200円

人魚姫をモチーフにした限定ガラスペンは、ドットスタック技法で描かれたうろこの細かい模様や、編み込まれた髪の毛など、文字を書いていても思わずペンを止めて見入ってしまうほどの精巧さです。

乙女心をくすぐる、おしゃれなデザイン

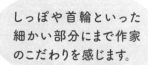

横から見ても、可愛さが感じられます。思わず話しかけたくなりそう

おしゃLady
らぶりちゃん（ハート柄）
まるんちゃん（水玉柄）
モガちゃん（ストライプ柄）

角 16,500円

タイプの異なる3人のおしゃれな女の子をモチーフにしたガラスペンです。洋服のディティールや色にもこだわった、洒落た雰囲気に包まれたフェミニンなガラスペンです。

猫好きの人たちの心をわしづかみに

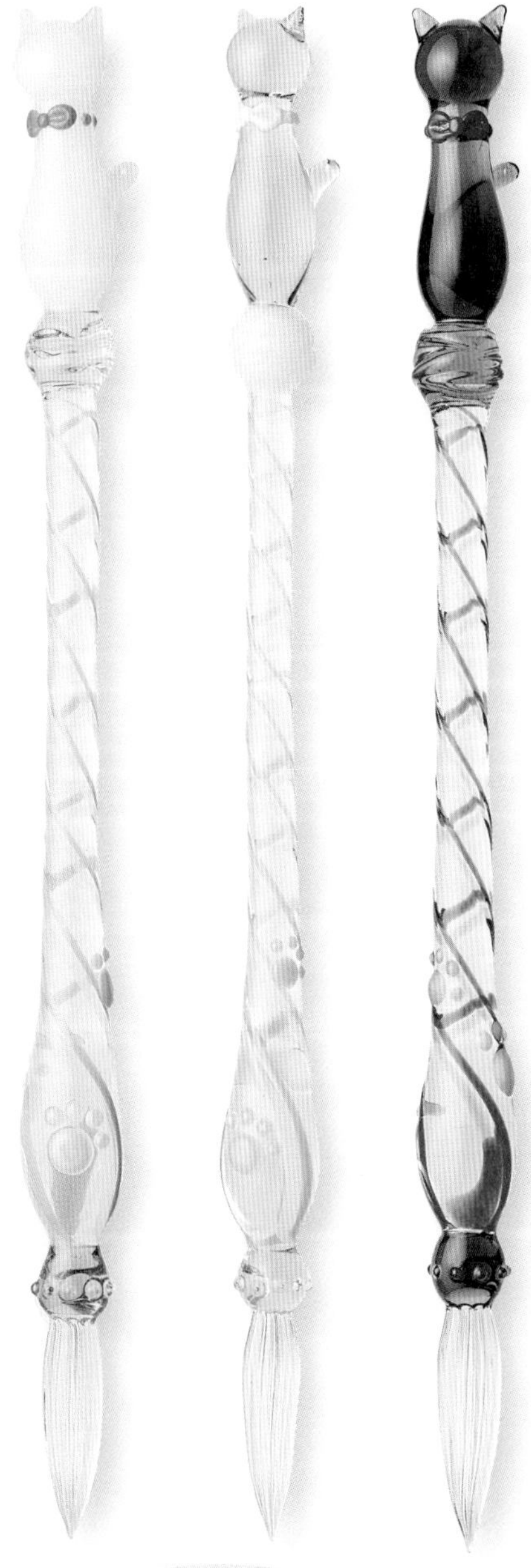

しっぽや首輪といった細かい部分にまで作家のこだわりを感じます。

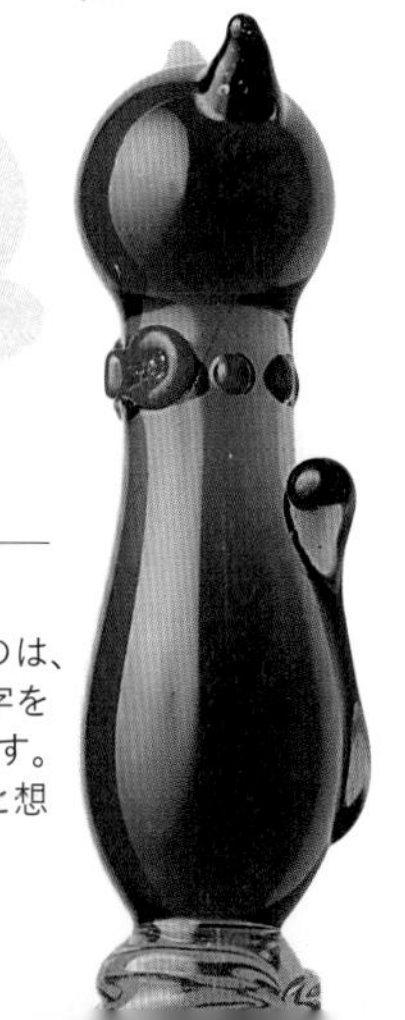

にゃんこペン
ブラック / ピンク / ホワイト

14,300円

肉球をあしらった螺旋軸の先にいるのは、おすましニャンコ。愛くるしい姿に文字を書いている間もずっと癒やされそうです。表情が描かれていないだけに、色々と想像しながらペンを動かすのも楽しい。

呪文を唱えれば夢を叶えてくれそう

a.マジカルアラビアン ピンクグリーン
b.マジカルアラビアン レッドブラック
c.マジカルアラビアン オレンジブルー

各 14,300 円

魔法の杖をイメージしたエキゾチックな雰囲気のガラスペンです。アラビアンテイストを感じる色の組み合わせや、独特の文様は、文字を書いているときに非日常へ連れて行ってくれる感じがします。

まるでペン先についたインクが溶け出したかのようなしずくが滴るデザインが面白い

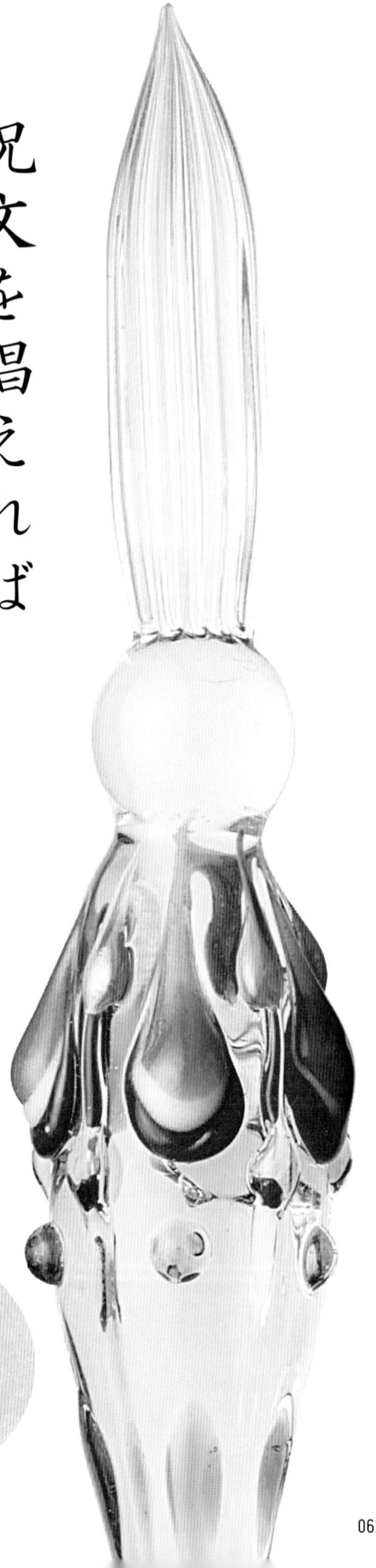

色の重なりが生み出す光のグラデーション

多数の色が混ざり合った多角形の球は、光が当たると、まるで宝石のようにキラキラと輝く

f e d

d.ジュエル イエロー
e.ジュエル ピンク
f.ジュエル ブルー

各 **13,200** 円

キラキラのラインストーンを封じ込めた透明の軸は、文字を書くたびに、軸の中でさらさらとかすかな音を立てます。ペンを走らせる音とともに、心地よいハーモニーを生み出してくれそうです。

ペン先部分の球体の色と同じ色のストーンがアクセントに

ジェルジェルツコーヒー

Jerjertu Coffee

コーヒー好きの作家による
香り立つようなガラスペン

コーヒーをこよなく愛するガラス作家、Jerjertu CoffeeのNatsuさんは、コーヒー好きが高じて、世界最古のコーヒー農園があると言われているジェルジェルツー村からつけられた架空のコーヒー屋を立ち上げ、コーヒーをモチーフにした他にはないユニークで斬新なガラスペンを制作しています。

ガラスの中の
コーヒー豆が演出する
優雅な手書きの時間

ペンを動かすたびに、コーヒー豆が鳴らすかすかな音

琥珀《こはく》色のガラスに封じ込められたビーンズの整列

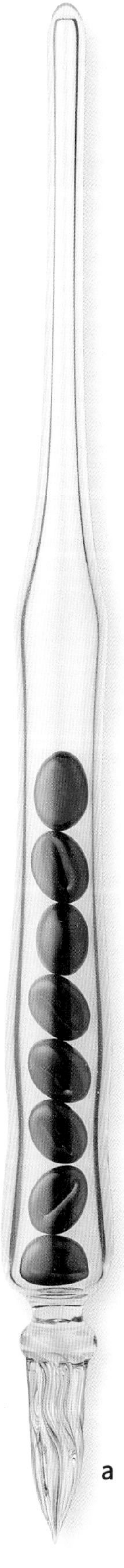

a

b

a. コーヒーガラスペン French Roast

b. 代官山蔦屋書店 × Jerjertu Coffee Little Brown Jug

20,900円

代官山蔦屋限定のガラスペン。コーヒービーンズを模したガラスを軸の中に封じ込め、ペン先の色もコーヒーを思わせる色で統一されており、コーヒーに対する情熱を随所に感じます。

一番上のロゴの入ったビーンズは琥珀色のガラスで作られている

時の流れを感じさせる砂時計のようなガラスペン

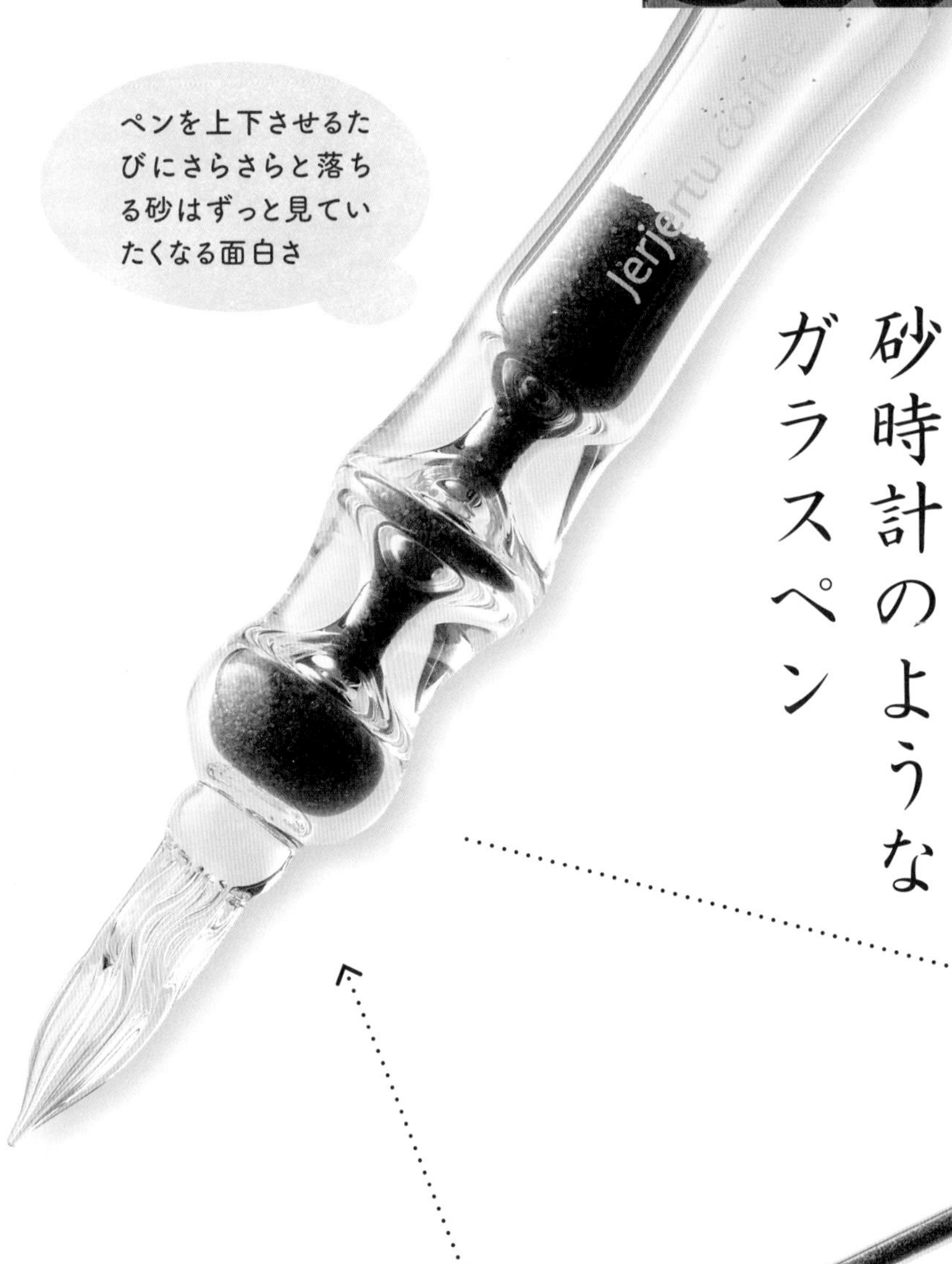

ペンを上下させるたびにさらさらと落ちる砂はずっと見ていたくなる面白さ

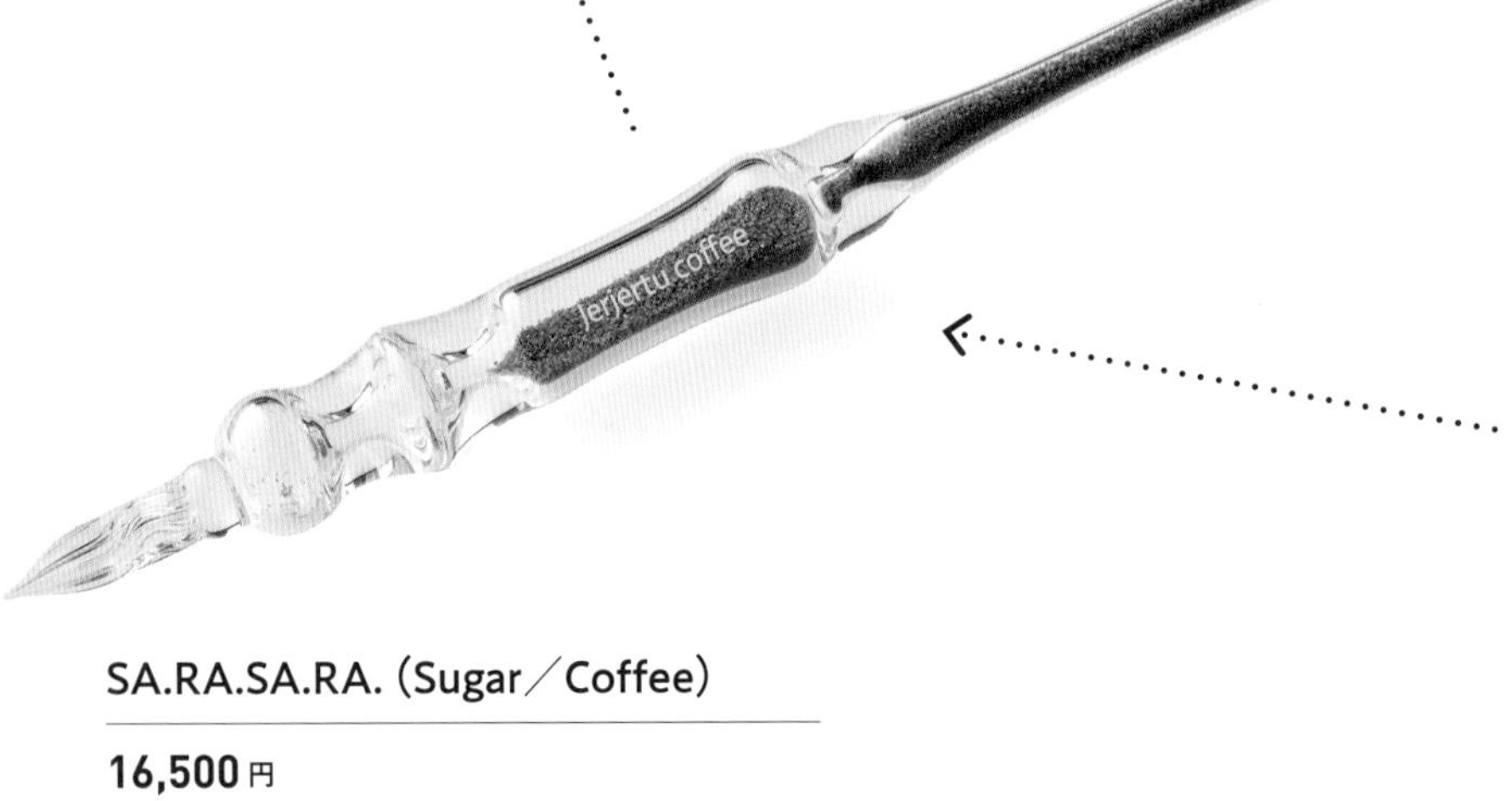

SA.RA.SA.RA.（Sugar／Coffee）

16,500円

ひいたコーヒーの粉に見立てた砂が入って、まるで砂時計のようなガラスペン。文字を紡ぐときのさらさらとした音と、時の流れを表現した砂のコラボレーションを楽しめます。

料金受取人払郵便

新宿局承認

6643

差出有効期間
2023年9月
30日まで

郵便はがき

163-8791

999

（受取人）

日本郵便 新宿郵便局
郵便私書箱第330号

（株）実務教育出版

愛読者係行

フリガナ お名前		年齢　　歳 性別　男・女
ご住所	〒	
電話番号	携帯・自宅・勤務先　（　　）	
メールアドレス		
ご職業	1. 会社員 2. 経営者 3. 公務員 4. 教員・研究者 5. コンサルタント 6. 学生 7. 主婦 8. 自由業 9. 自営業 10. その他（　　）	
勤務先・学校名		所属（役職）または学年
今後、この読書カードにご記載いただいたあなたのメールアドレス宛に 実務教育出版からご案内をお送りしてもよろしいでしょうか		はい・いいえ

毎月抽選で５名の方に「図書カード１０００円」プレゼント！

尚、当選発表は商品の発送をもって代えさせていただきますのでご了承ください。
この読者カードは、当社出版物の企画の参考にさせていただくものであり、その目的以外には使用いたしません。

■愛読者カード

【ご購入いただいた本のタイトルをお書きください】

タイトル

ご愛読ありがとうございます。

今後の出版の参考にさせていただきたいので、ぜひご意見・ご感想をお聞かせください。

なお、ご感想を広告等、書籍の PR に使わせていただく場合がございます（個人情報は除きます）。


……………………………該当する項目を○で囲んでください……………………………

◎本書へのご感想をお聞かせください

・内容について	a. とても良い	b. 良い	c. 普通	d. 良くない
・わかりやすさについて	a. とても良い	b. 良い	c. 普通	d. 良くない
・装幀について	a. とても良い	b. 良い	c. 普通	d. 良くない
・定価について	a. 高い	b. ちょうどいい	c. 安い	
・本の重さについて	a. 重い	b. ちょうどいい	c. 軽い	
・本の大きさについて	a. 大きい	b. ちょうどいい	c. 小さい	

◎本書を購入された決め手は何ですか

a. 著者　b. タイトル　c. 値段　d. 内容　e. その他（　　　　　　　　　　）

◎本書へのご感想・改善点をお聞かせください

◎本書をお知りになったきっかけをお聞かせください

a. 新聞広告　b. インターネット　c. 店頭（書店名：　　　　　　　　　　）
d. 人からすすめられて　e. 著者の SNS　f. 書評　g. セミナー・研修
h. その他（　　　　　　　　　　）

◎本書以外で最近お読みになった本を教えてください

◎今後、どのような本をお読みになりたいですか（著者、テーマなど）

ご協力ありがとうございました。

変幻自在に軸の色を変えられる

Words & Colors 全6色

8,250円

透明の軸の中に自分の好きなインクを入れると文字が浮かび上がるガラスペンです。ジャズナンバーや小説、詩の一説が刻まれています。

Jerjertu coffee
“The yellow glistens./ It glistens with various yellows,
Citrons, oranges and greens/ Flowering over the skin.”

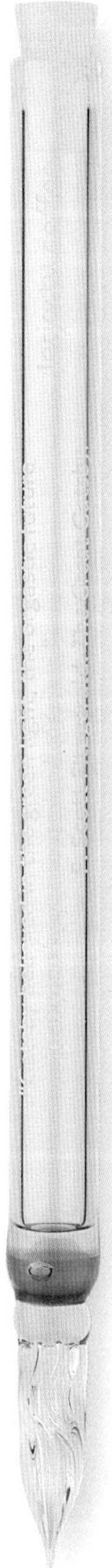

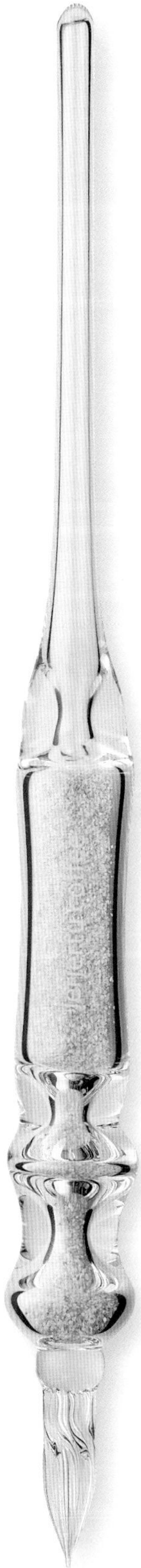

好きなインクを入れることができるので、その日の気分によって軸の色を変えることが可能

コーヒー豆のペンレストもジェルジェルツコーヒーならではのアイデア

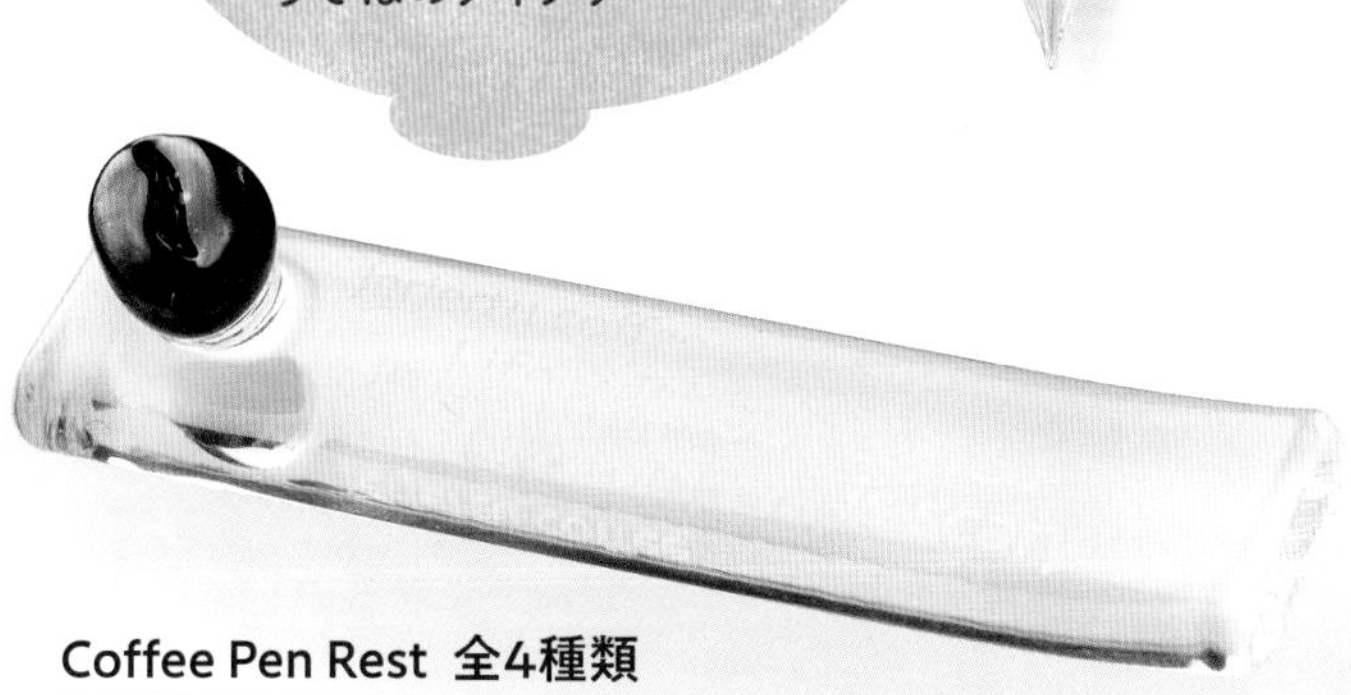

Coffee Pen Rest 全4種類

1,980円

Kokeshi《コケシ》

URL : www.emifujita.com

ピンク色のリボンを
封じ込めたような美しい軸

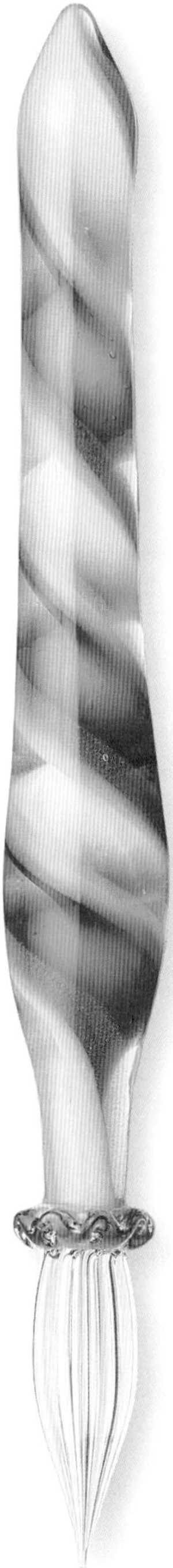

優しさや温かさを感じる華やかなペン

Lollipop Short（いちごみるく）

14,300円

名前の通り、まさにいちごミルクを思わせるような色とデザインのショート軸のガラスペン。軸の中のミルキーなマーブル模様と、淡いピンク色の粒状のリングが甘くて愛らしいデザイン。

女性の作家ならではの柔らかさを感じるガラスペン

多摩美術大学大学院にて、ガラス工芸を学んでいた藤田えみさんは、2015年から17年にかけて、カナダ・バンクーバーを拠点にさまざまな個人作家のもとで住み込み修行をしたのち、18年に帰国。神奈川県の自宅にスタジオを作り、創作活動を続けています。女性らしい感性とアイデアによって紡ぎだされるガラスペンはいずれも優しさにつつまれたデザインで人気を博しています。

青い螺旋の小宇宙

Lollipop Long（スカイブルー）

18,700円

青い螺旋を封じ込めたような軸と、ラメの入った美しい濃藍色の色玉が印象的なガラスペン。ペンを動かしながら、常に視界に映る色玉が心を落ち着かせてくれます。

ワンポイントの色玉が印象的なショート軸

Popping Candy（いちごみるく、スカイブルー、ミモザ）

各9,900円

小さめの手にフィットするショートタイプのガラスペンです。軸とペン先の間の色玉は表情豊かな色合いがアクセントに。キャンディーの欠片が散りばめられたような透明軸も幼すぎない洗練されたバランス。

異なる色の世界に浸れるガラスペン

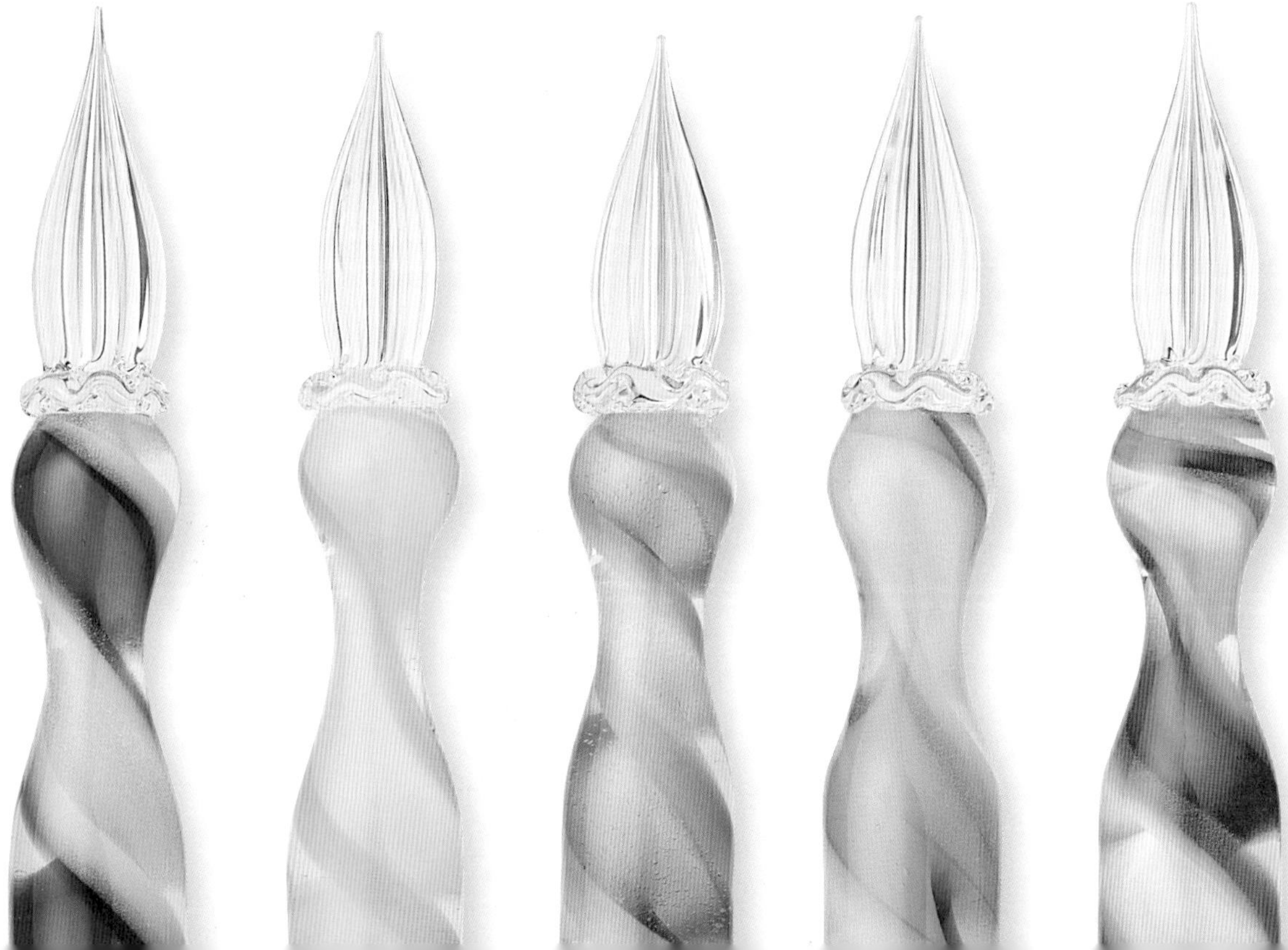

a

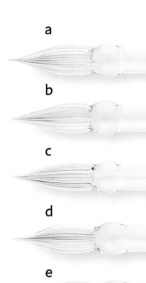

b

c

d

e

軸の天冠部分に施された幅の異なるストライプ柄は、個体によって模様の入り方が微妙に違うのも注目ポイント

Drops
a. スカイブルー
b.ミモザ
c.ウィステリア
d. スプリンググリーン
e. いちごみるく

各 **8,800** 円

軸の頭に模様が入ったシリーズ。ペン先と軸の本体部分が透明なので、いろいろなインクの色をじっくりと楽しみたいというときに使いたいガラスペンです。

Candy
f. スカイブルー
g. ミモザ
h. ウィステリア
i. スプリンググリーン
j. いちごみるく

各 **11,000** 円

こちらは同じシリーズのペン先の方に模様が入っているタイプです。自然とくびれの部分に指を置くことができるので、スムーズに筆記することができます。

f

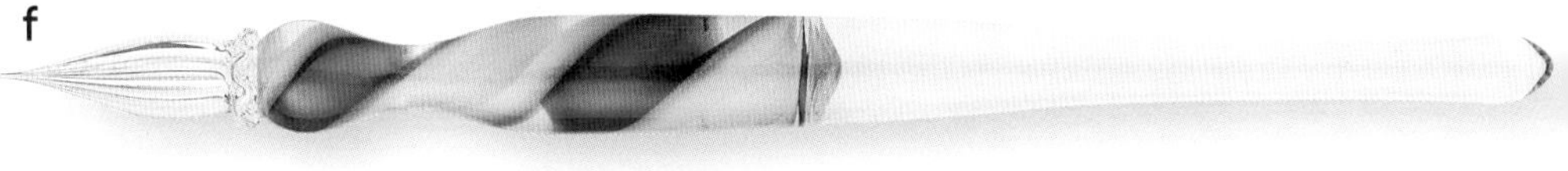

g

h

i

j

インクと軸との色のコーディネートを考えるのもガラスペンの醍醐味

Shoko Yamazaki

URL : https://www.instagram.com/shoko_yamazaki____/

和を感じる繊細なデザイン

飽きのこないシンプルなデザインと書き心地のよさが人気の秘密

2010年からボロシリケイトガラスを用いたバーナーワークでガラスペンを作っている山﨑翔子さんのブランド。シンプルなフォルムの中に、細やかさと静かな存在感を放つガラスペンが人気です。書き味にも定評があり、多くのガラスペンファンを魅了しています。

網目の模様に見え隠れする雪景色

手にフィットするショート軸

さりげない差し色に癒やされるひととき

a. Shizuku 雪柳

13,200円

「雪柳」と名付けられたガラスペンは、まさに冬の雪景色を思わせるような格子模様が印象的。網目のように編み込まれたラインは、シンプルなフォルムのガラスペンにマッチしています。ロングタイプのこちらのポイントは天冠から続くくびれ。静と動の両方を味わえる1本。

b. Basic 雪柳

11,000円

雪柳のショートタイプのガラスペン。軸そのものは短めですが、男性の手でも、ちょうどお尻の部分を親指の付け根にひっかけられるほどの長さなので、安定した筆致を楽しむことができます。指の当たる部分のかすかなくびれも心地よい。

c. Basic A-mari

11,000円

青いラインと淡いピンク色ラインがさりげなく入った乳白色のガラスペンは、凛としたたたずまいが魅力です。無駄を削ぎ落としたしなやかさの中に、力強さも感じられます。フェミニン過ぎないので男性にも手にしやすいデザイン。

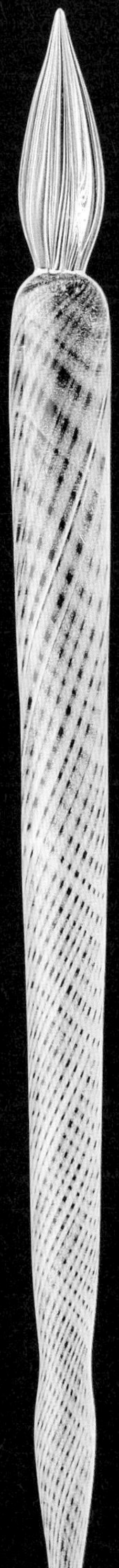

a

b

c

ペンレストにも作家のこだわりが感じられます。この小さな粒は山崎さんのガラスペンすべてに入ったアイコン的な存在

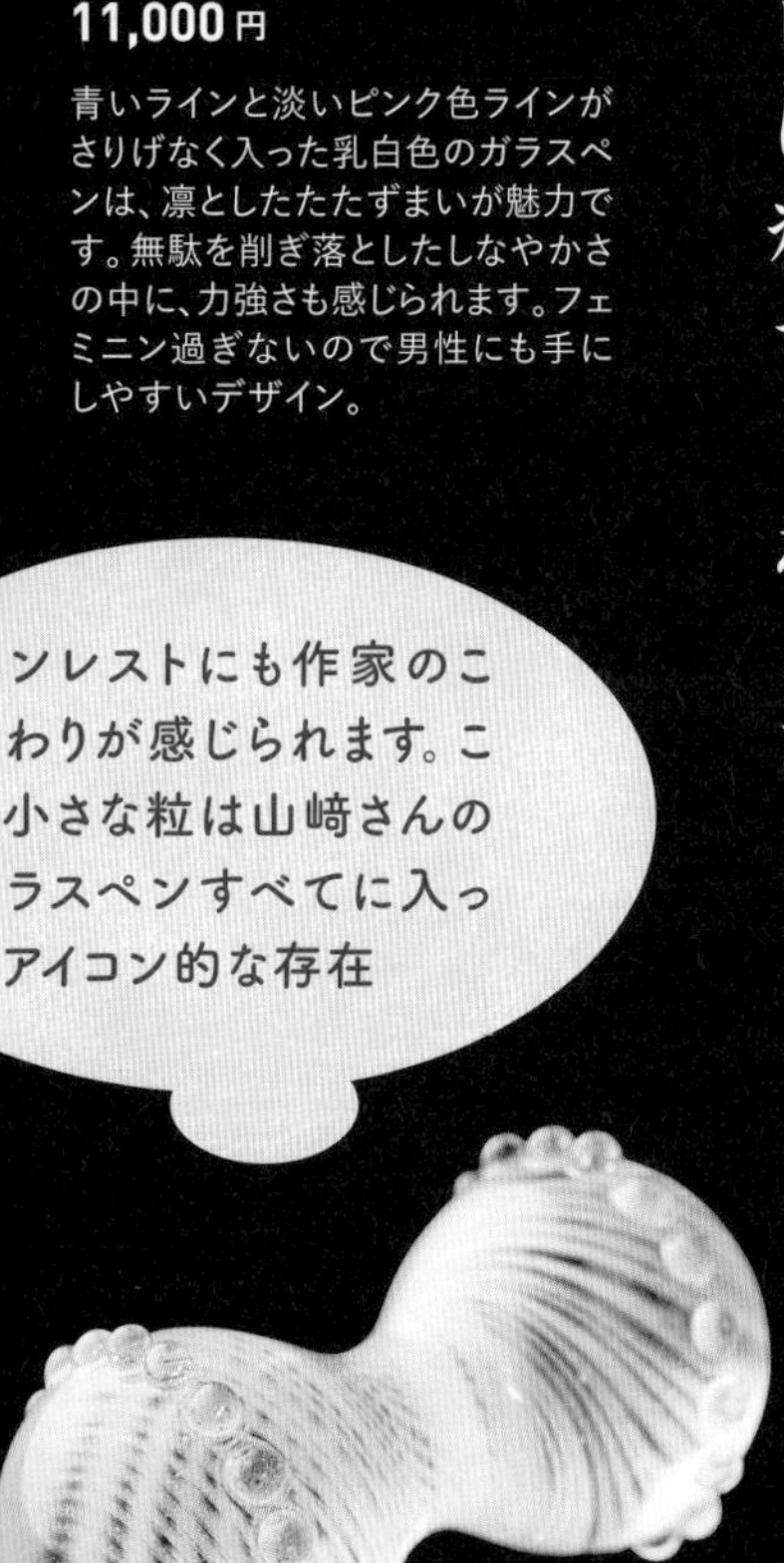

天冠の小さな球体からのゆるやかなくびれが印象的

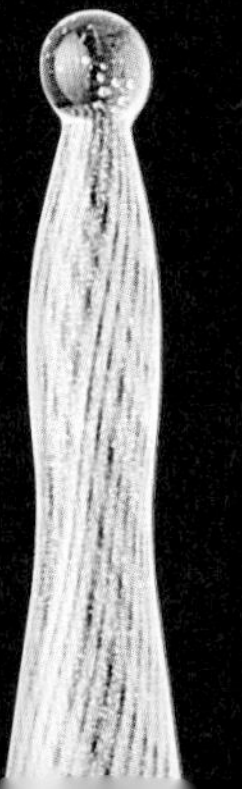

ガラスペンとの調和を生み出すペンレストにあしらわれた粒粒のリング

a. Basic 青紫
b. Basic 茜色

各 11,000円

まるで浴衣の柄のような絣模様のガラスペン。群青色の網目が軸に施されたペン軸は清涼感にあふれています。茜色のガラスペンはかすかに入ったラインが印象的です。

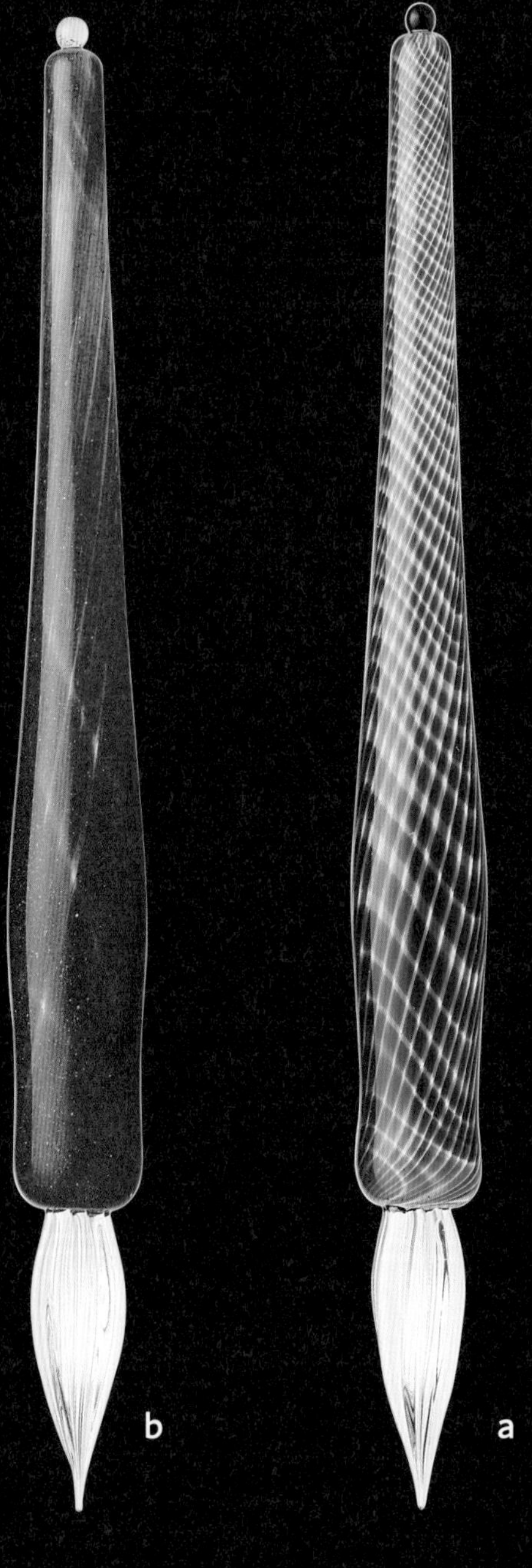

流れ落ちる雫を思わせるなだらかな曲線と清涼感

c. Shizuku 青紫
d. Shizuku 紺碧
e. Shizuku 黒群青

各 13,200円

雫を思わせるフォルムはシンプルなデザインなだけに、繊細な色の模様がより美しく見えます。インクの色に合わせて軸の色を揃えるのも面白いでしょう。ペン先の8本の溝がしっかりとインクを吸うので、書き心地も安定しています。

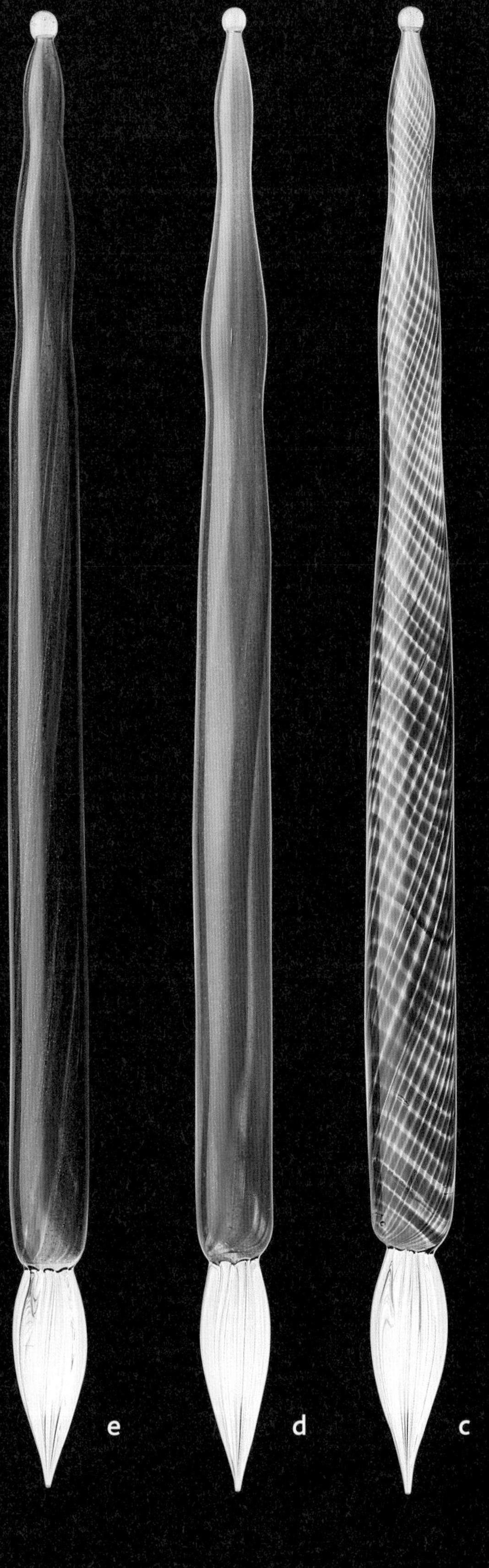

透明の天冠の粒の中に封じ込められた気泡も美しい

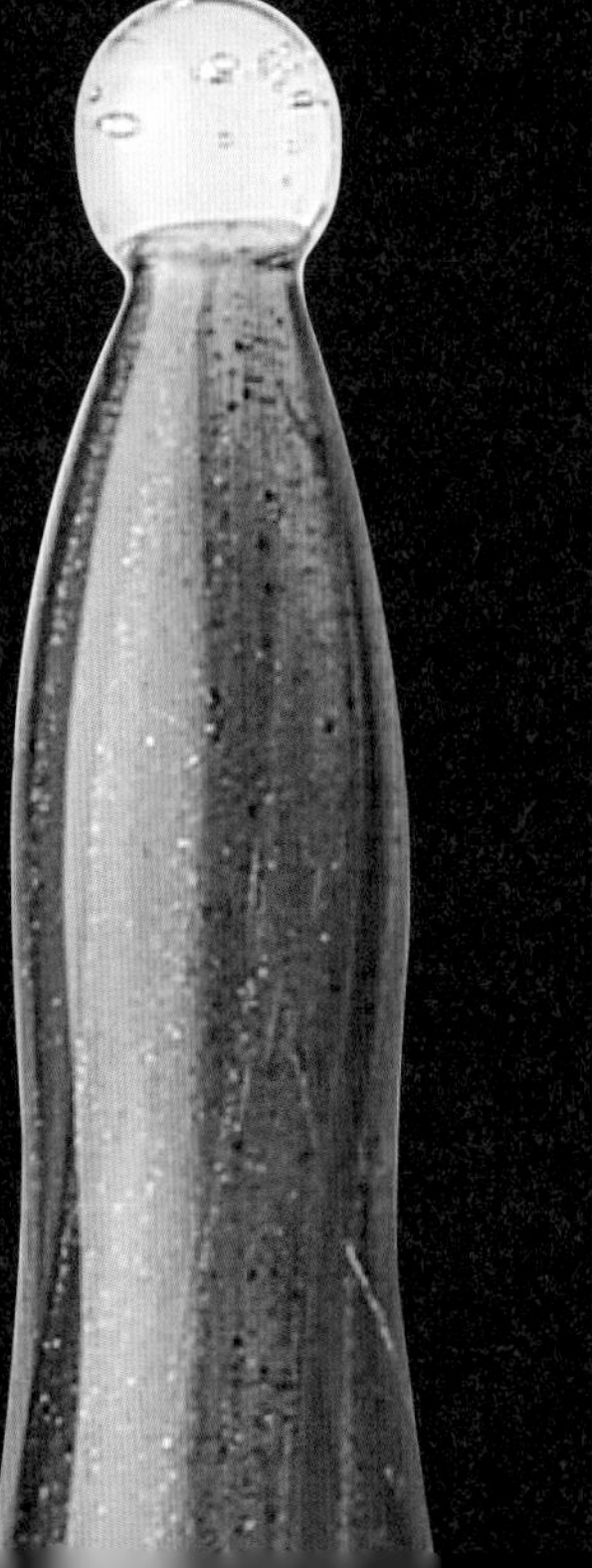

GLASS KOBO Sayori

硝子工房 Sayori

URL : https://sayoriglass.com

ボロシリケイトガラスの特色を生かした温かみを感じるガラスペン

硝子工房Sayoriの作者は、2011年に独学でとんぼ玉などのガラス細工を始め、2013年から約3年、ドイツのガラス専門学校にてガラスを学びました。同地のガラス工場に勤務中ガラスペンを担当した後、2020年から本格的に日本で活動しています。ボロシリケイトガラスを用いた丸みのある軸が特徴的です。

とろけるような
丸みとくびれ

温かい色合いとふっくらしたフォルム

指がフィットする部分がくびれているので、筆記に集中できる持ちやすさ

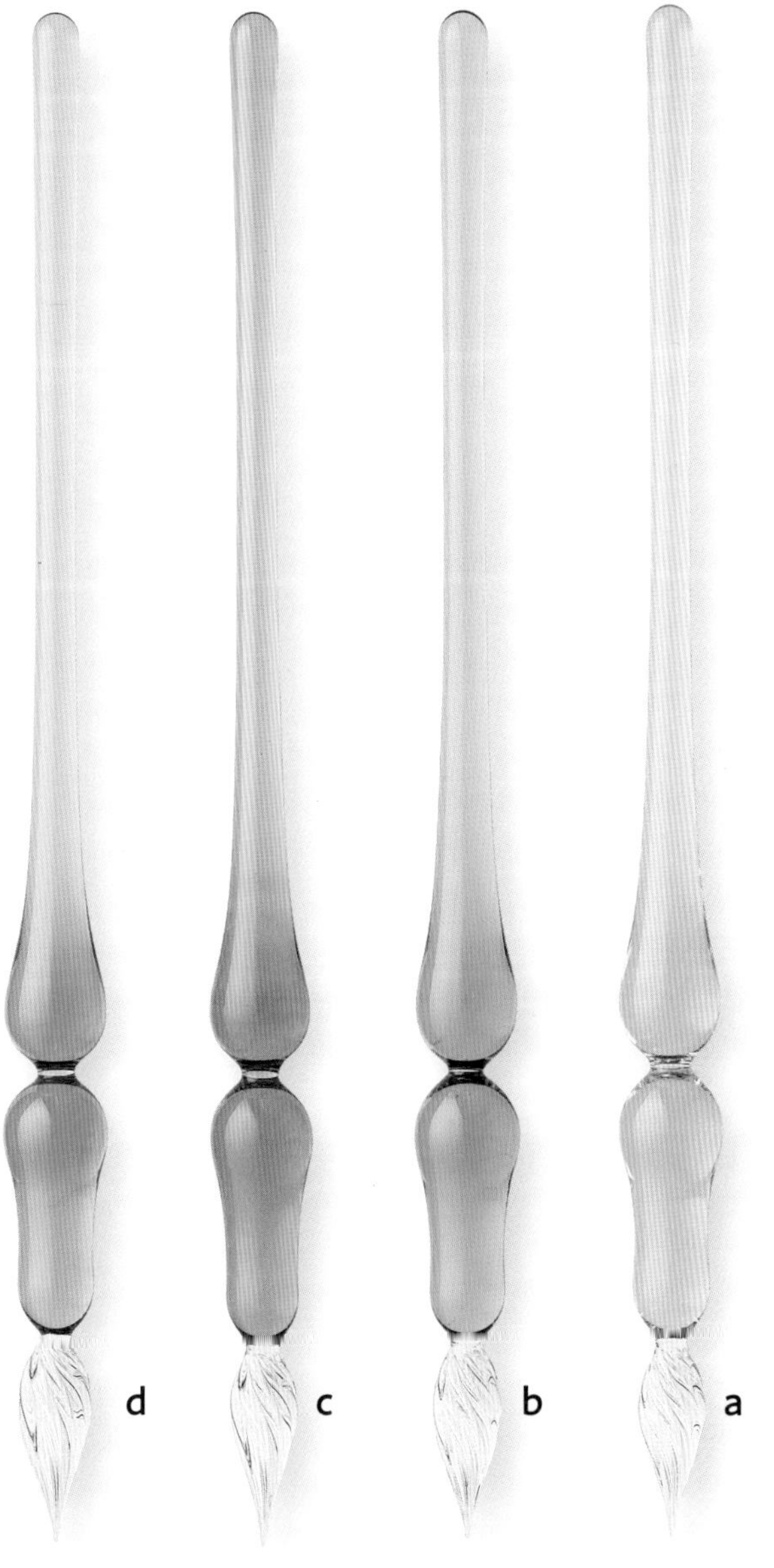

a. rei 春 pink
b. rei 夏 green
c. rei 秋 yellow
d. rei 冬 blue

各 **8,800** 円

右から春・夏・秋・冬の四季をイメージしたガラスペンは、季節ごとに揃えて飾りたくなるほど。曲線に包まれたシンプルな色合いとグラデーションが懐しい気持ちにさせてくれます。

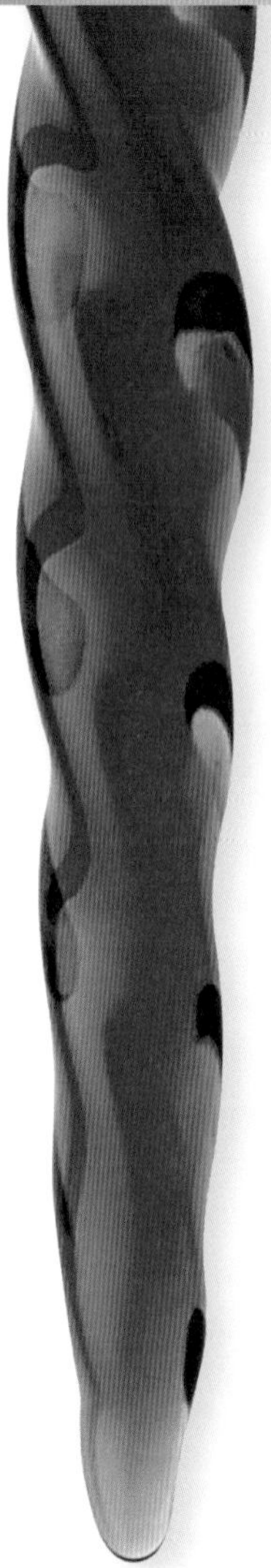

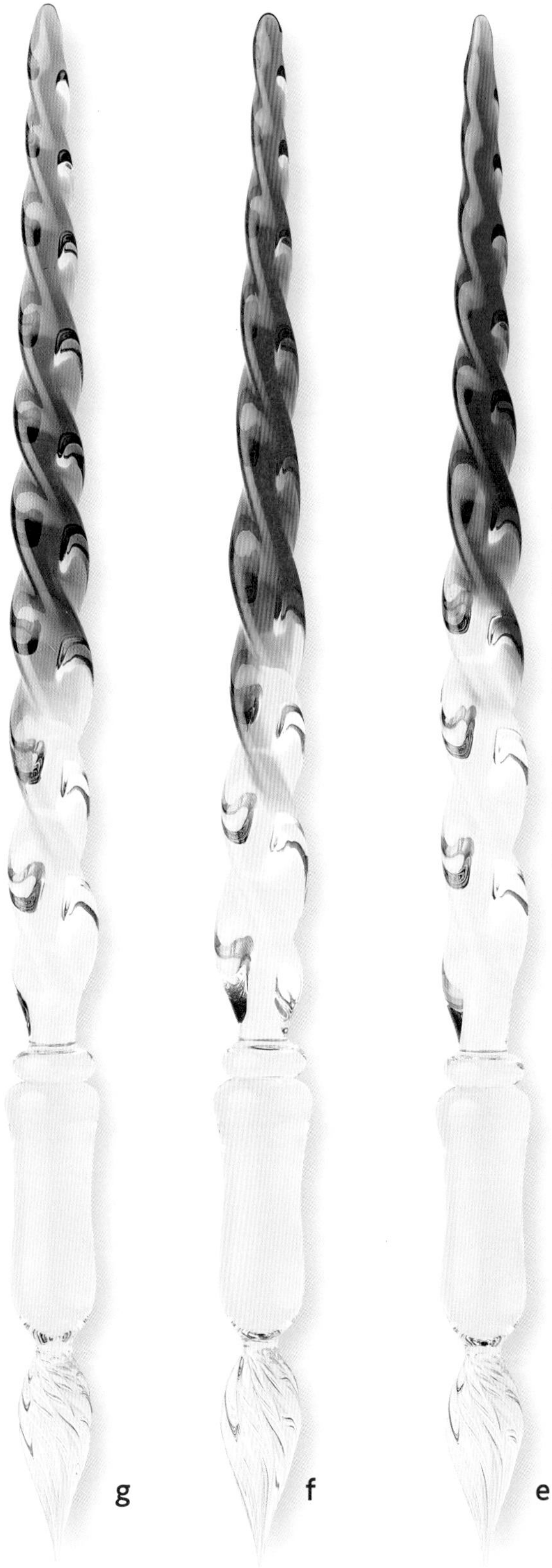

ねじれと色のグラデーションで動きを表現

e.kou 彩 パープル
f. kou 彩 ピンク
g.kou 彩 ブラック

各 **9,900** 円

氷柱をイメージしたというペン軸には深みのあるグラデーションが施され、気品を醸し出しています。グリップのかすかなくびれ部分に指がぴったりとフィットし、スムーズな筆記をサポートしてくれるので、ガラスペン初心者でも安心して使用できるのも嬉しい。

持ちやすさにこだわった端正なデザイン

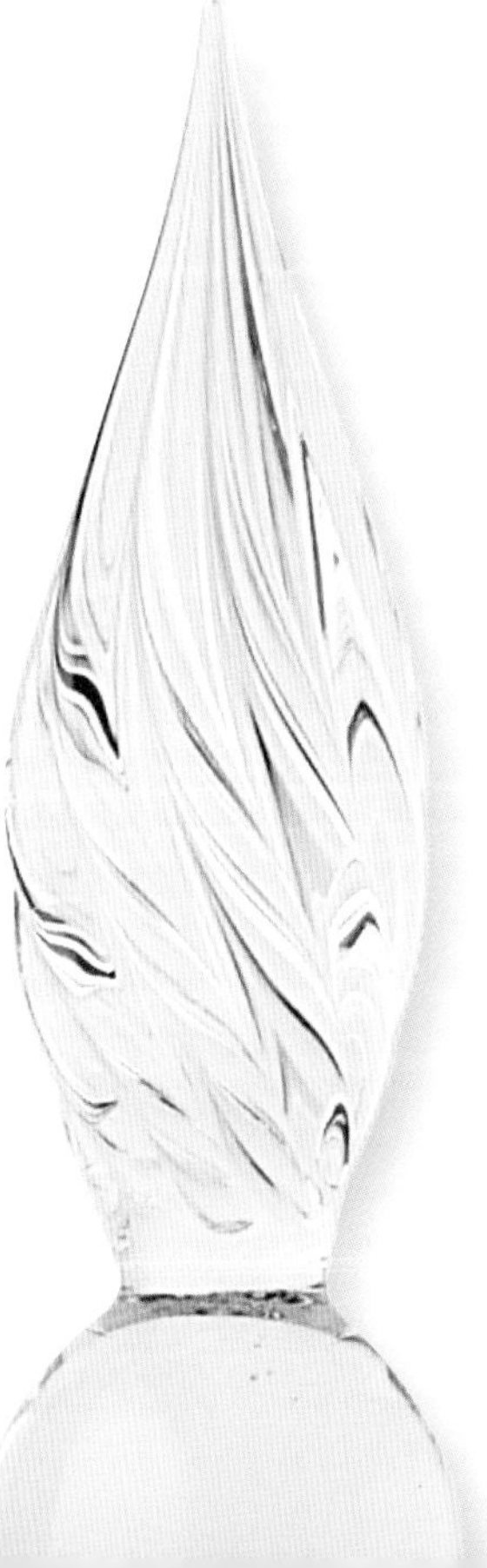

ペン先にほんのり
と反射した軸の
色に心がときめく

rin クリア

6,380円

これまでガラスペンに触ったことがないという人にもガラスペンの魅力を伝えたいという作家の想いから作られた1本。透明でシンプルだからこそ飽きずにずっと使い続けることができます。また、なめらかな筆致が実現できるように研がれたペン先にも作者の工夫が感じられます。

光の中で揺れる色が持つ人を異世界へと誘う

ガラススタジオ ハンド

Glass Studio Hand

URL : http://glassstudio-hand.com/

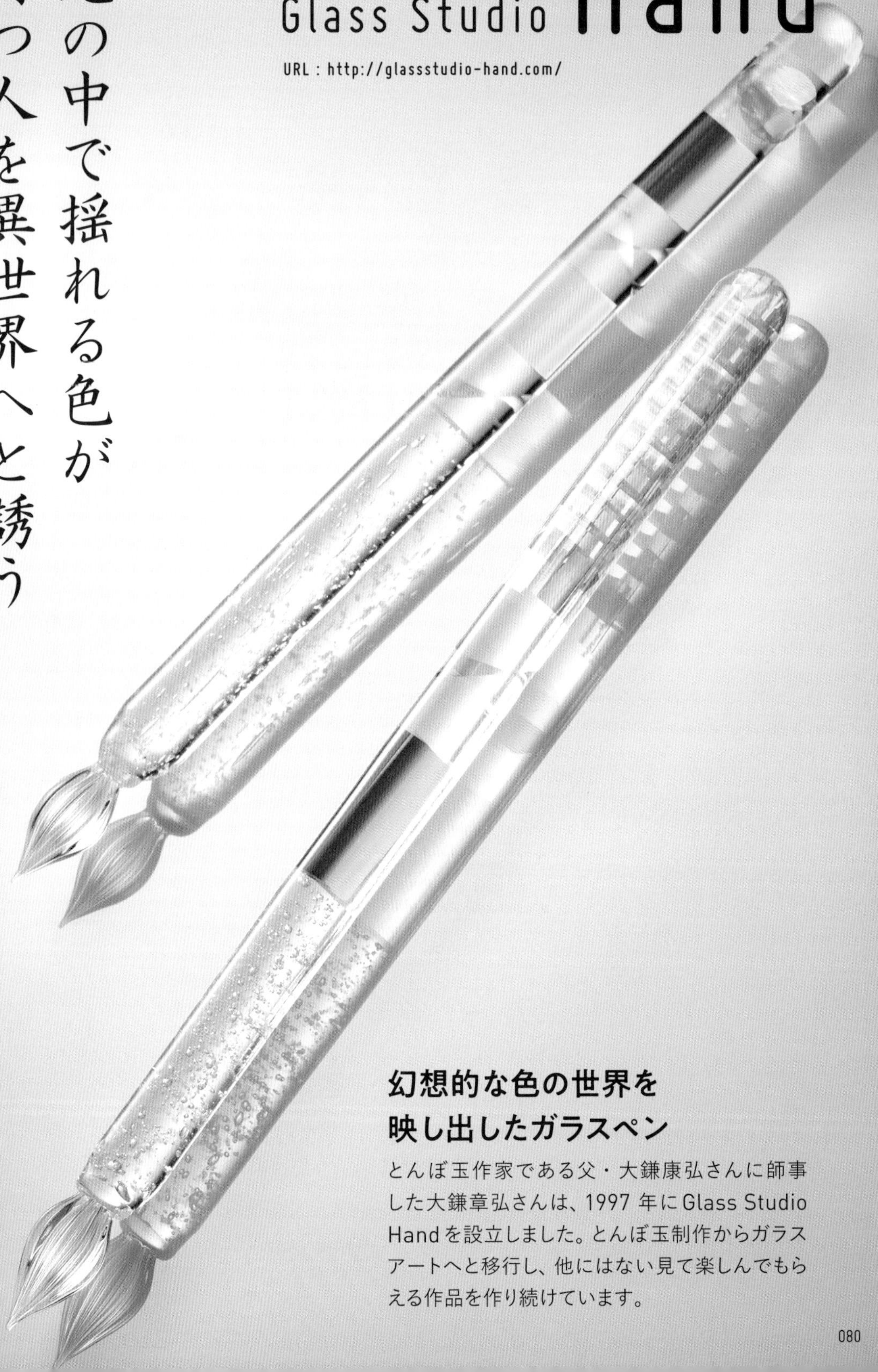

幻想的な色の世界を映し出したガラスペン

とんぼ玉作家である父・大鎌康弘さんに師事した大鎌章弘さんは、1997 年にGlass Studio Handを設立しました。とんぼ玉制作からガラスアートへと移行し、他にはない見て楽しんでもらえる作品を作り続けています。

人工オパールをちりばめた軸は、まるで泡を封じ込めたように見える

ダイクロガラスを組み合わせた素材は、さまざまな色の屈折を楽しむことができる

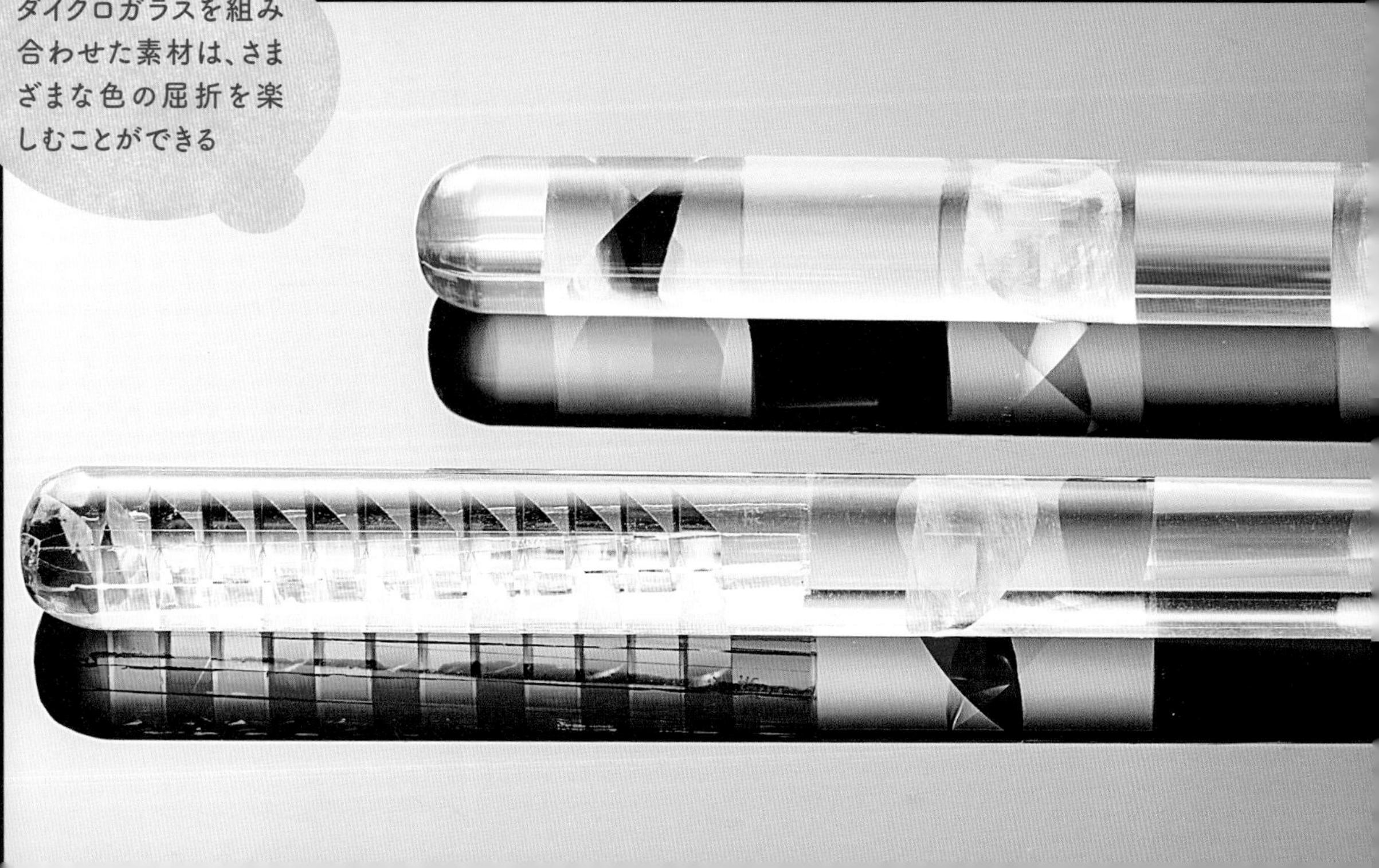

泡と色の掛け算で幻想的な景色を生み出す

b　a

a. オーロラレインボー
b. リフレクション

38,500円〜46,200円

ガラス板の片面に金属を真空蒸着させたダイクロガラスが、光の屈折により、さまざまな色の表情を見せてくれます。白い背景と黒い背景では色の見え方も異なるので、様々な場面で使いたくなる1本です。

独特の質感と重厚感が漂う軸に宿る品格

c

c. 禅（あかかね・銅）
d. 蛍雪（はくぎん・白銀）
e. 幻日（さいうん・彩雲）

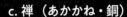

各 **13,200** 円

軸の指の当たる部分にくぼみがあり、自然にペンを持つことができるので、ストレスなく筆致を楽しめます。クリアな軸色なため書き味も申し分ありません。インクの色そのものを味わいつつ、筆をすべらせてみたくなります。

丸みを帯びたペン先は、インクをたっぷりと含んでくれる

e

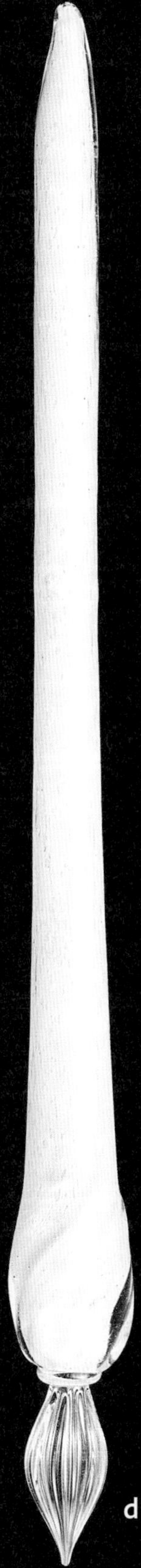
d

KAWANISHI GLASS

川西硝子

URL : http://www.kawanishiglass.com

凛とした空気感

磨き抜かれたデザインと実用性 両方を兼ね備えたガラスペン

現在は北海道の工房にてガラスペンを作っている川西洋之さんは、21歳のときにカナダにてホウケイ酸ガラス細工と出合いました。約10年間世界中を旅したのち、独学で酸素バーナーワークを習得し、アクセサリーを中心としたガラス制作を本格的にスタート。2007年からガラスペンを作るようになり、ペン先に施された12本の溝による書き心地のよさと美しいデザインが高く評価されています。

手のひらに乗せるお守りのような1本

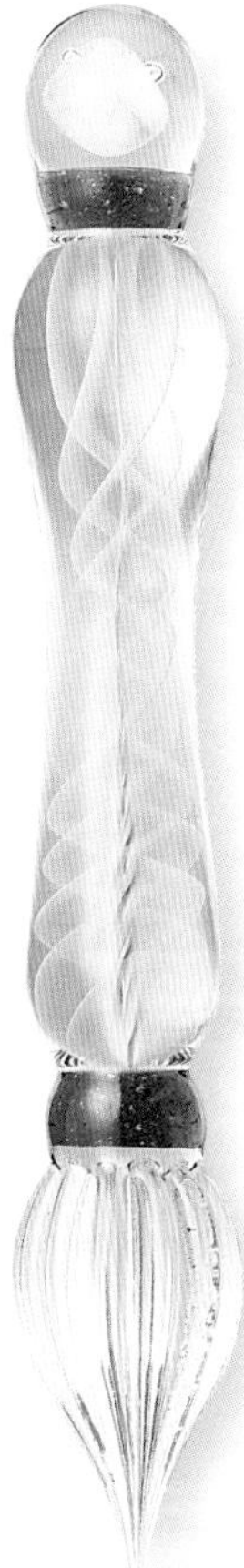

インサイド 螺旋 タイニー グレイシャーブルー

19,800円

全長約9cmのタイニーサイズのガラスペンです。小さめの手の人は、エンド部分を親指の付け根部分にかけて使うことができます。

まろやかな曲線と泉のような淡い水色

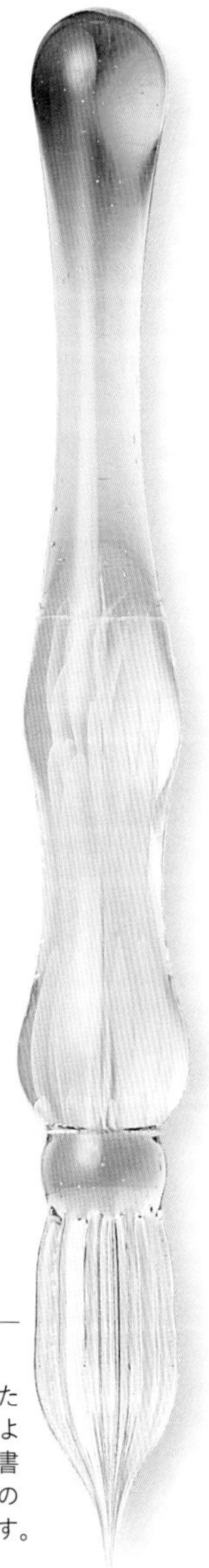

インサイド 矢絣 ショート セノーテ

29,700円

優美な曲線に包まれたガラスペンです。程よい長さの軸なので、書き心地もよく、書き味の楽しさを教えてくれます。

さざなみ ストレート軸 セノーテ

24,200円

川西硝子のストレートタイプのガラスペン。寄せては返す波模様が印象的。手にしたときのその溝の感触が気持ちよく、造形美と書きやすさを共存させています。

薄い藍色の色合いの波模様はずっと眺めていたくなる躍動感

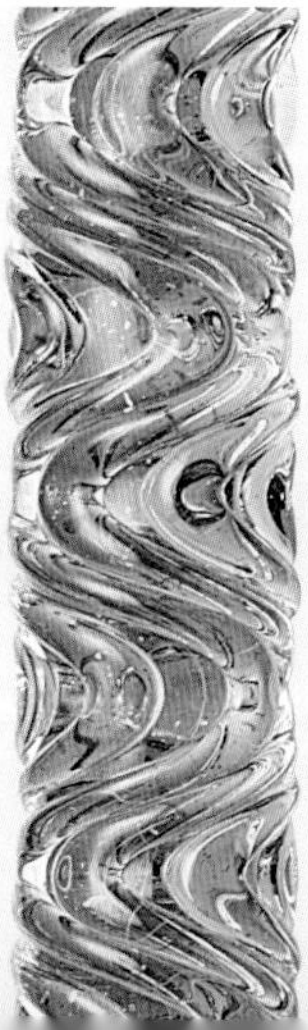

和を感じさせる波模様は見ているだけでなく、触っても感じることができます。

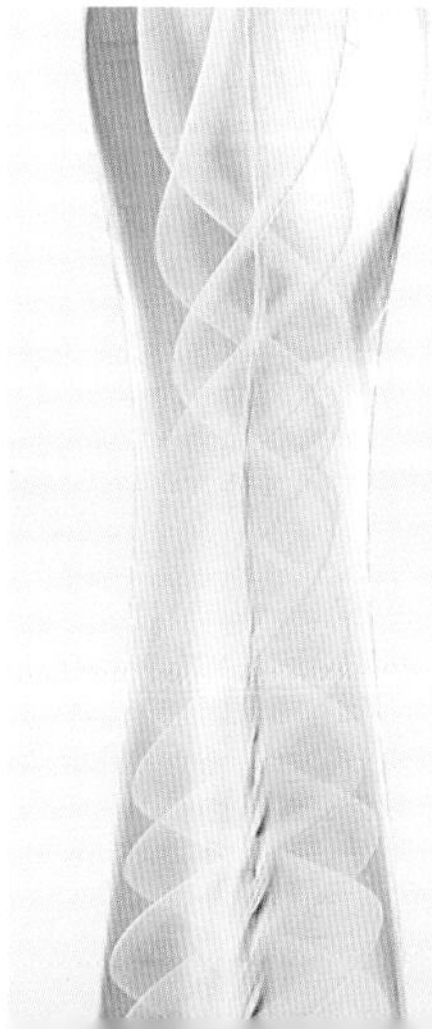

光に透かして軸をくるくると回すと軸の中のラインも螺旋状に回って見えます。

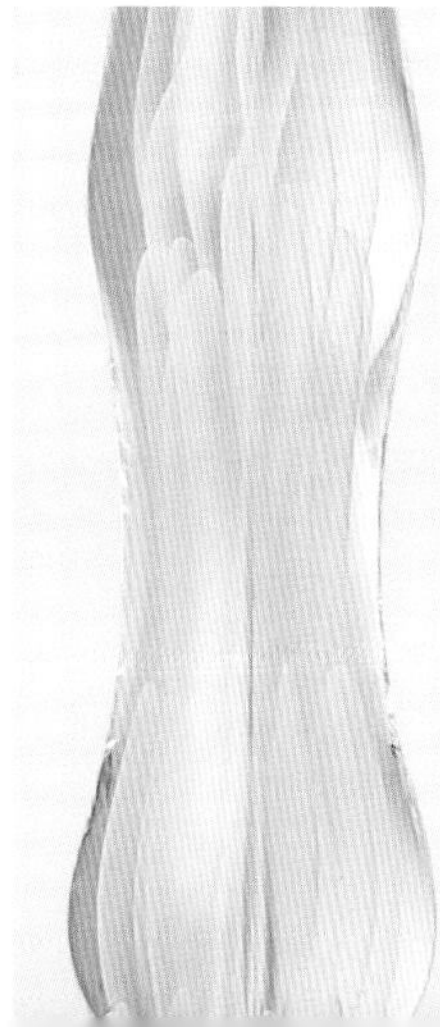

曲線の中の乳白色のラインが立ち上る湯気のようで目が離せません。

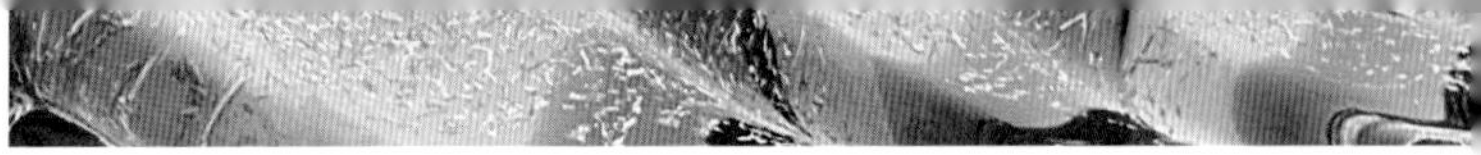

幻想的な軸に魔法をかけられて

a

ガラス工房 LUC

URL : https://nao-g.jimdofree.com

独特のフォルムと色合い、そして 書き味の三拍子揃ったガラスペン

大阪芸術大学でガラス工芸を学んだ後。2016年より活動を本格化させた作家の直川新也さんが手掛けるガラスペンは、まるでファンタジーの世界に登場する魔法の杖のようなデザインが人気です。また、安定した書き味にも定評があります。

ラメの入った透明軸を挟む2色の装飾

ファンタジックなフォルムの軸を走る螺旋のラメ

色違いで揃えたくなる美しさ

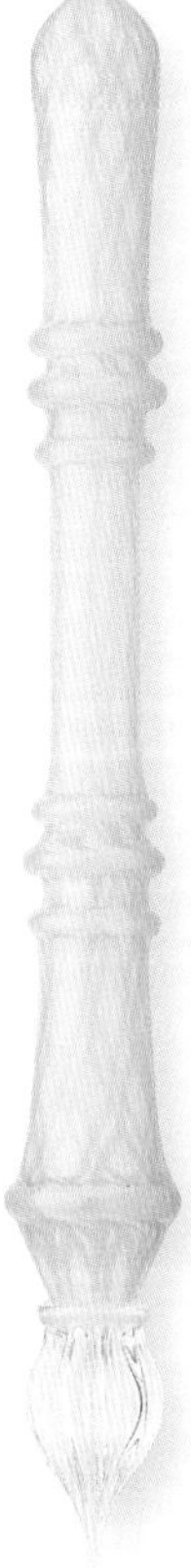

f

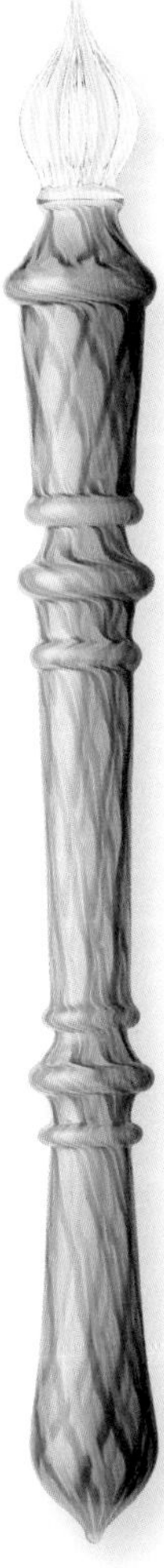

e

d

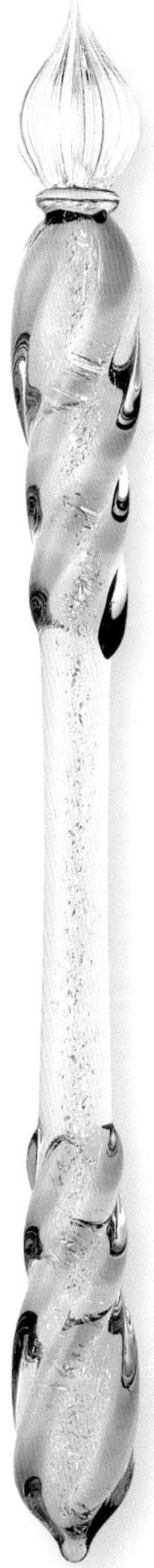

c

b

a.b.c. 誰そ彼

各 **16,500** 円

ラメの入ったオリジナルインク「誰そ彼」をイメージして作られたガラスペンのシリーズです。キラキラと光るダイクロガラスと、軸のお尻部分と先頭部分に異なるふたつの色を施しているところが斬新。

d. ラティチェロ ダイクロ
| **35,200** 円

e.f. ラティチェロ
| 各 **22,000** 円

もともとはヴェネツィアングラスの伝統芸能のひとつであるラティチェロ技法を使ったガラスペンです。左回りと右回りの線が重なった模様が印象的。ペン先部分についたオパールが筆記時にも厳かな雰囲気を演出してくれます。

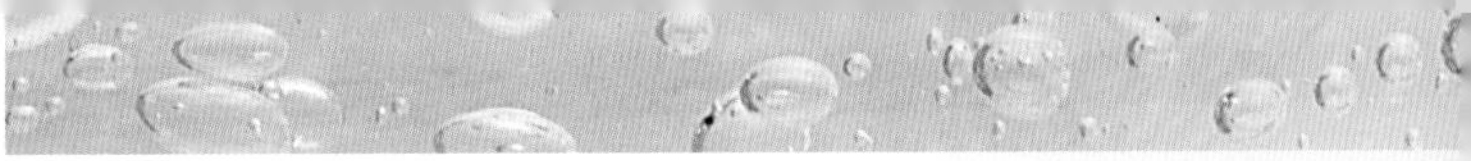

郷愁を誘《いざな》う淡いラムネ色

Paraglass《パラグラス》

URL : https://paraglass.thebase.in/

独創的なアイデアが人気の
ガラスペン作家によるあくなき挑戦

金田裕樹さんは、2020年に近畿大学文芸学部芸術学科造形芸術専攻ガラスコースを卒業後、ガラス作家としてデビューしました。ガラスペン独特の優しさとぬくもりを感じさせる作品は、目で見て楽しいだけでなく、書き心地のよさも人気の秘密です。さまざまな店舗とのコラボレーション作品も話題となっており、常に新しいものを作り続ける姿勢も高く評価されています。

ソーダ水の泡の弾ける音も聞こえてきそう

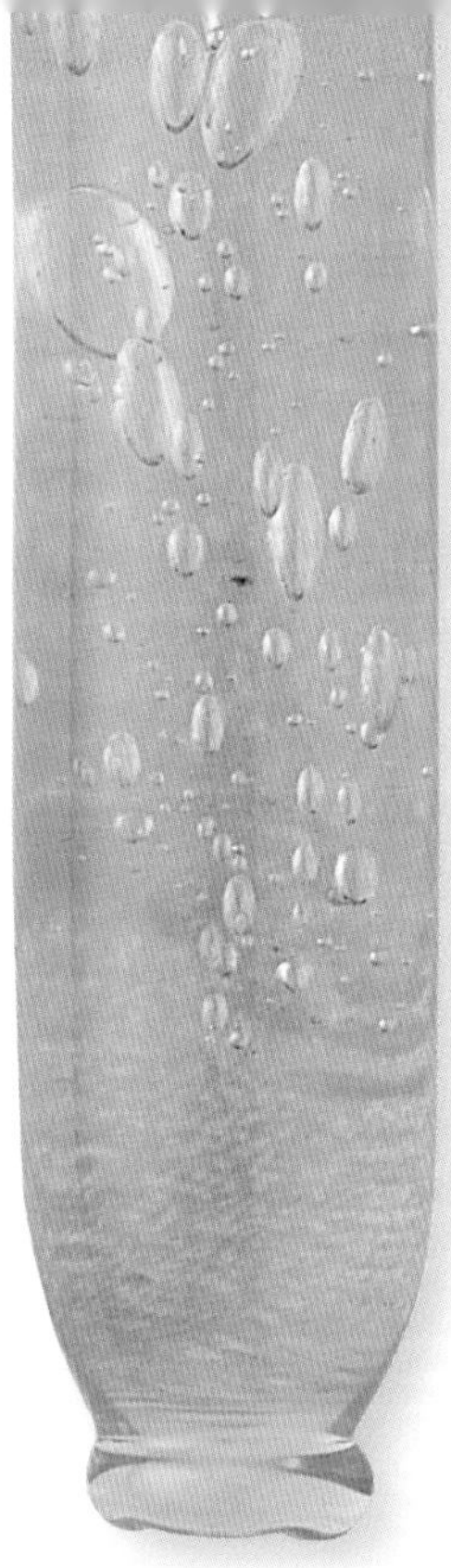

清涼感溢れるラムネ色の中に、泡が閉じ込められているように見えるところもポイント

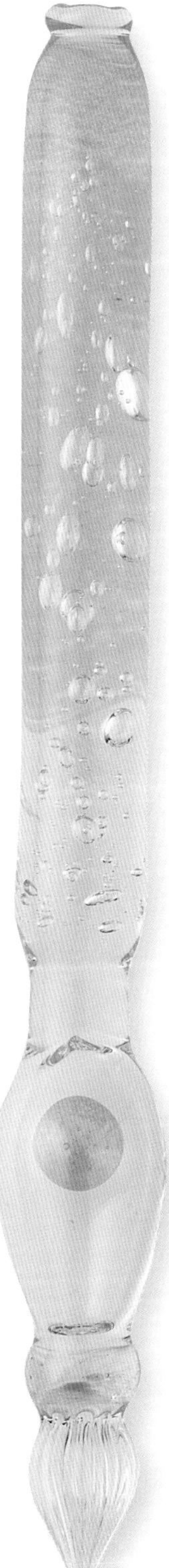

付属のペンレストもおしゃれ

ラムネペン

15,400円

一般の方からオリジナルのガラスペンのアイデアを募集するという企画で最優秀賞作品となったのがこの「ラムネペン」です。軸の一部が空洞になっており、その中にはゆらゆら揺れるビー玉が入っています。筆記のたびにかすかな音を立てるのも涼し気。特に暑い夏に最適のガラスペンです。

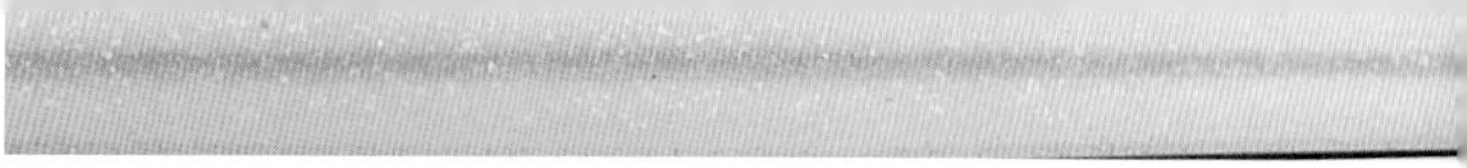

MATSUBOKKURI

ガラス工房 まつぼっくり

URL : https://shop.matsubokkuri.biz

洗練されたデザインを貫く
究極の書き味の美学

「書くこと」を重視して極めたオリジナリティ

ガラスペン業界の立役者とも言われている松村潔さんは、約10年間、理化学ガラス職人として修業をした後、1995年にボロシリケイトガラスを利用したガラス工芸家として独立し、ガラス指輪やペンダント、ワイングラスといった作品を作り続け、2007年からガラスペンの制作を始めました。シンプルでありながらも、書き心地のよいペン先で多くの愛好家を魅了する軸を作り続けています。細字、中字、太字のペン先を揃えているところも大きな魅力。

雲母独特の輝きを放つ軸は、すっきりとしたデザインに映える

手にフィットする三角形の軸がもたらす安定の書き心地

上品な輝きを宿した美軸

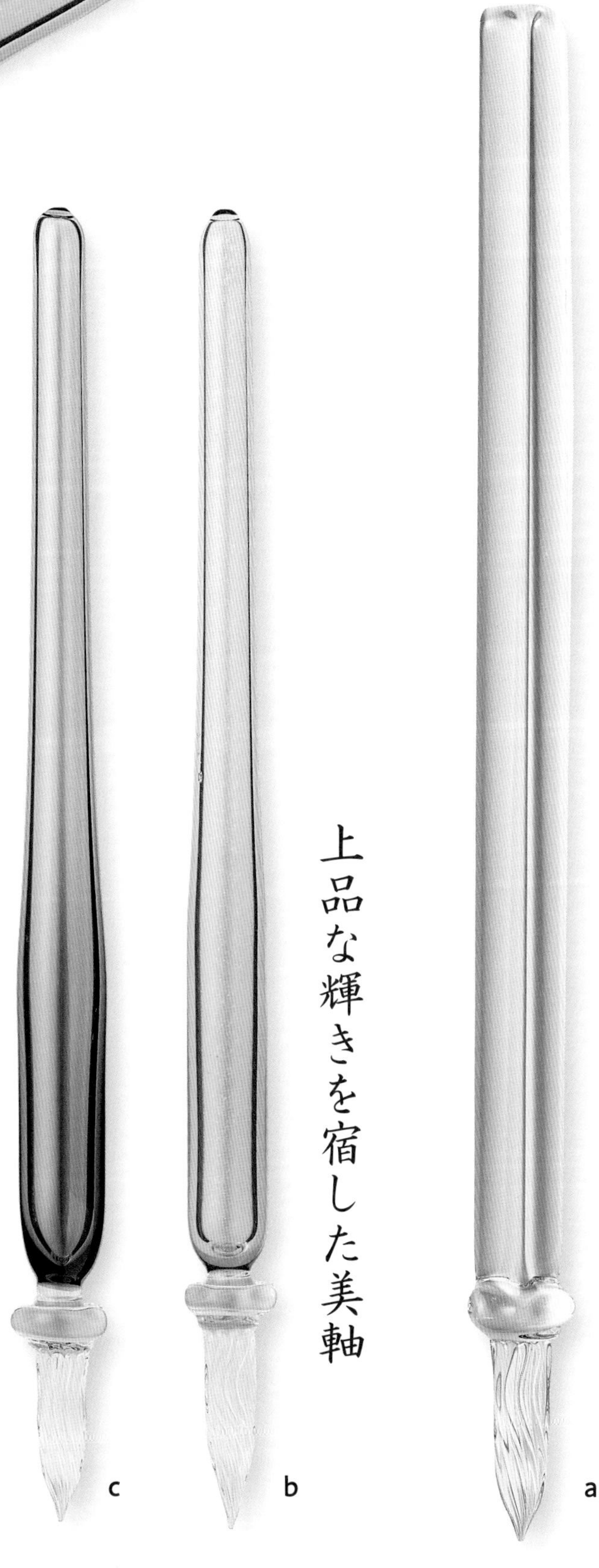

a. トライアングル

3,960円

三角形の軸は持ちにくいのでは?という先入観を覆されるほど指にぴったりと収まる形です。指が滑ることもなく、自分にとってちょうどよい位置で固定した状態でペンを運ぶことができます。ペン先はインクをたっぷりと含まれる構造なのも安心。

b. 雲母 イエロー

c. モノクローム クリア ブラック

7,040円

パールのような輝きを持つ雲母の粉末がほどこされたガラスペンです。特に装飾の施されていないさっぱりしたデザインと淡い色合いは、ガラスという素材のよさを引き出しています。また、ペンが転がらないような工夫もされているので、ペンレストがなくても机の上に置くことができるのも嬉しい。

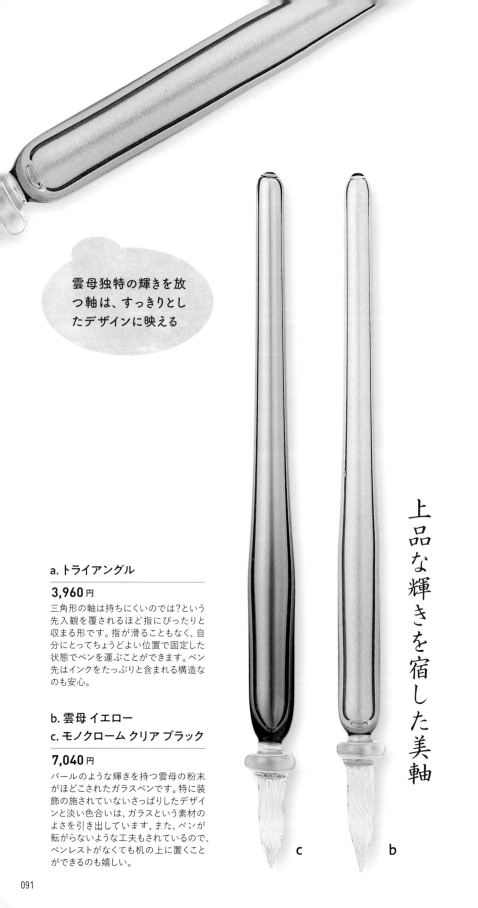

Hanabi Glass Studio

花火硝子

URL : https://www.hanabi-glass.com/category/glass-dip-pens

大胆なフォルムの組み合わせが生み出す存在感

型にはまらない個性とコンセプト

アメリカ人であるルーカス・マホニーさんは、2000年19歳より、ガラス工房で働きながら作家活動をしてきました。型にはまらないデザインと、書き味のよさも人気です。

Transference Series
a. Truth
b. Power
c. Reality
d. Ideal

14,300円

3つの異なる形のガラスが絶妙に調和したガラスペンです。それぞれの形が時の移ろいをイメージしているのだとか。ペン先を上にすると、まるで和蝋燭のようにも見えるところも雅でインテリアとしても飾りたくなります。

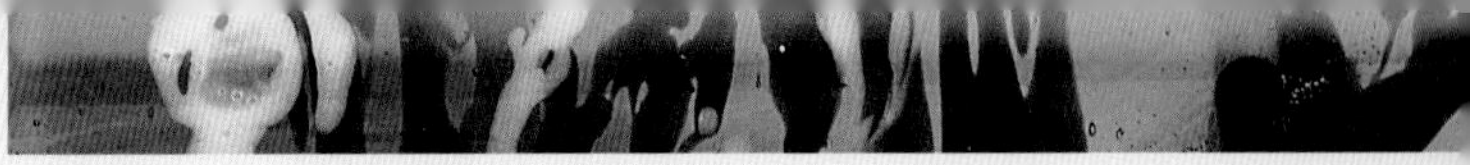

華やかな色に
散乱する光の泡

Iroka glass

色華硝子

色を重ねたガラスが織りなす美しい軸

色華硝子の樫田睦さんは、アーティスト性の高い独創的なデザインでありながらも、使うシーンを想像しやすいガラスペンを作っています。秀逸なデザインはもとより、握り心地のよさにも定評があり、コレクション性の高い軸が多いです。

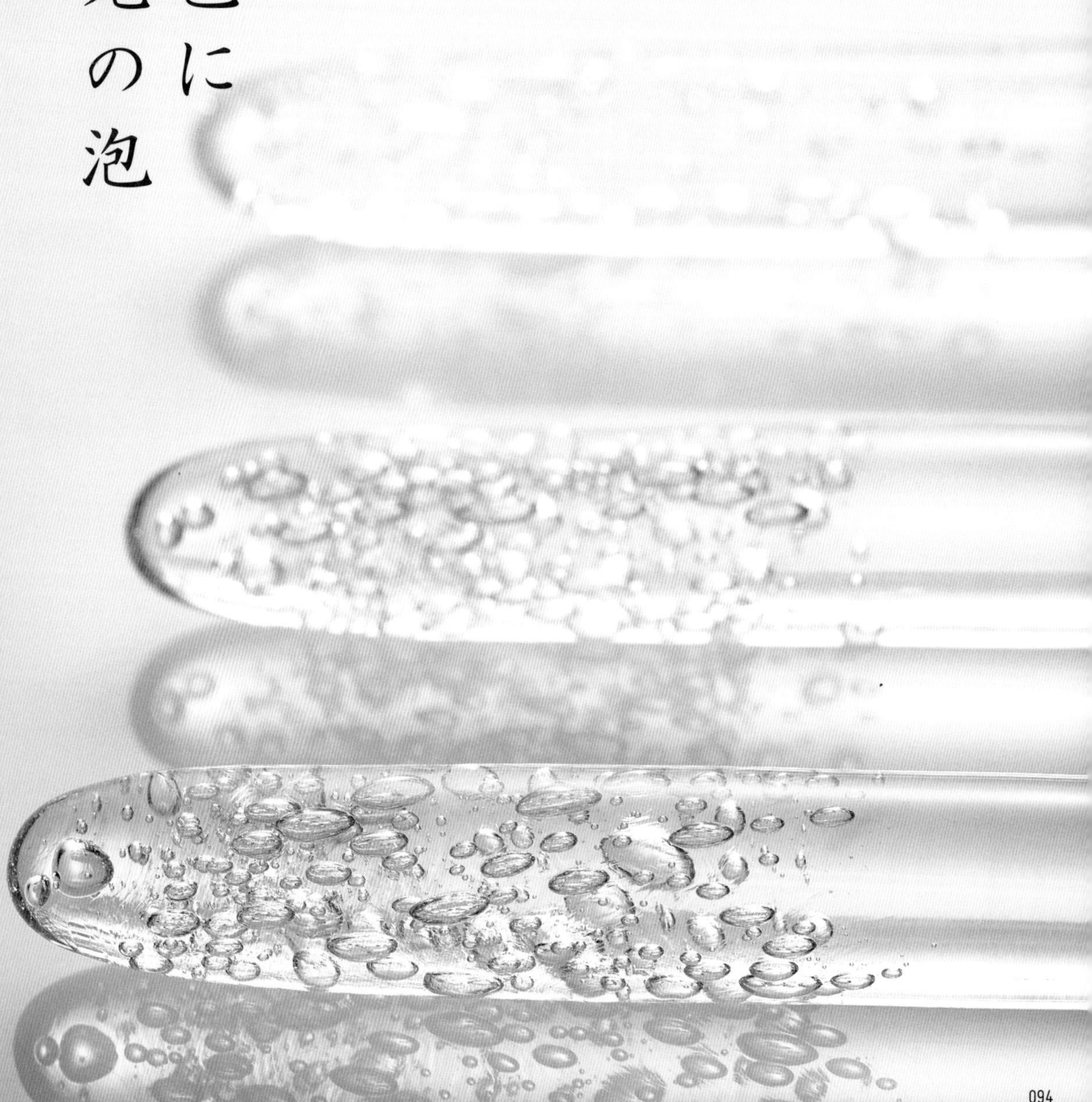

a. Sparkling
b. Rose
c. Champagne

11,000円

炭酸の泡のような細かい気泡が封じ込められているように見える涼し気な軸がポイント。過度な装飾を排したフォルムなだけに、ガラスペンの美しさを堪能することができます。書いている間も手の中に宿るシュワシュワ感を楽しみたい。

d. Unborn Calf
e. Python
f. Dalmatian
g. Leopard

各 13,200円

キュートな柄でぽってりしたガラスペン。モダン家具やファッションからインスピレーションを受け作られています。軸の半分だけに柄が入っているので、軽やかさも感じられるデザインです。手元の透明な部分でインクの色を楽しみつつ、軸で自分らしさを表現できるガラスペン。

STUDIO KASHO

ガラス工房 スタジオ嘉硝

URL : https://studio-kasho.com

華やかな美しさが溢れ出る ソーダガラスを利用したガラスペンが人気

ガラス工芸作家の田嶋嘉隆さんは、ガラス工芸材料輸入商社に長年勤務した際に得た豊富なガラス材料の知識とガラス工芸技術を活かしてガラス工房スタジオ嘉硝を立ち上げました。一般的なボロシリケイトガラスだけでなく、ソーダガラスのガラスペンも制作しています。

華やかさと儚さが同居する淡色の美

春の訪れを彩る淡い色に包まれたガラスペン

シーズンリミテッド／ソーダガラスペン　桜

13,200円

扱いが難しいものの、美しい発色が特徴的なソーダガラスを使ったガラスペンです。その発色のよさを生かした淡い色合いのピンクがまるで桜の花びらのよう。さらに軸の天冠部分の薄緑色にも癒やされます。

多種多彩な軸色を選ぶ楽しみ

Kashoオンラインショップ（Creema）限定モデル Color硬質ガラスペン ラベンダー

4,950円

ボロシリケイトガラスを使用したシンプルなデザインのガラスペンです。全10色展開なので、自分の好きな色を選んだり、インクの色によって使い分けたりすることもできます。持ち手の部分が少しくびれているので、文字を書くときにちょうど指がフィットして、自然に持つことができるのもこのガラスペンの大きな特徴です。ペン先字幅はEF・F・M・Bの4種類。

木のぬくもりを感じながら インクと戯れる喜び

ウッドガラスペン（硬質）ブラック／ウッド／ナチュラル

3,300円

軸の部分が木製のウッドガラスペンは、ペン先が着脱できる仕様になっているので、万が一ペン先を割っても交換が可能です。また、ペン先は単品でも販売されているので、気分によって細字と中字を付け替えてみるのも面白いかもしれません。木軸は3つの色から選べるのも嬉しい。

ガラスペンで味わう まるで鉛筆のような 書き心地

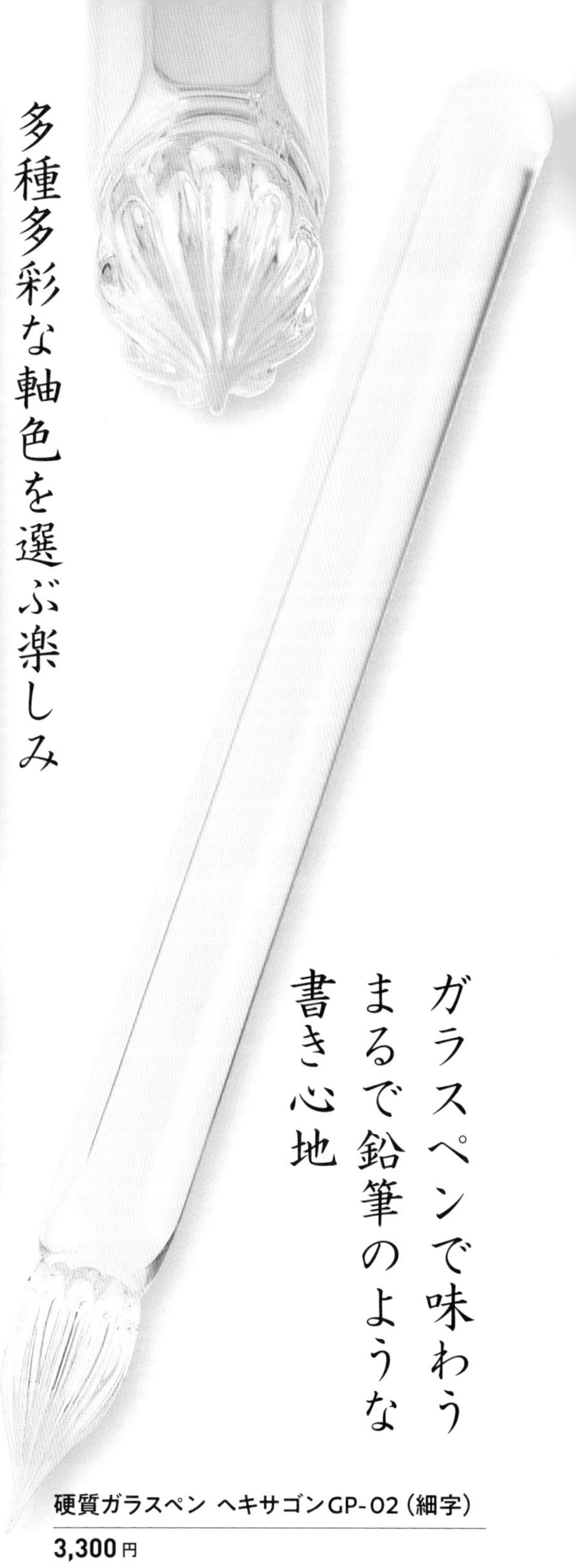

硬質ガラスペン ヘキサゴンGP-02（細字）

3,300円

ペン軸がまるで鉛筆のように六角形になっているガラスペンです。特に意識することなく、自然に持つことができるので初心者にも最適な1本。また、六角軸なので机の上に置いたときにガラスペン本体が転がり落ちる心配もありません。シンプルなデザインなだけに、ずっと使い続けることができます。ペン先字幅はEF・F・M・Bの4種類。

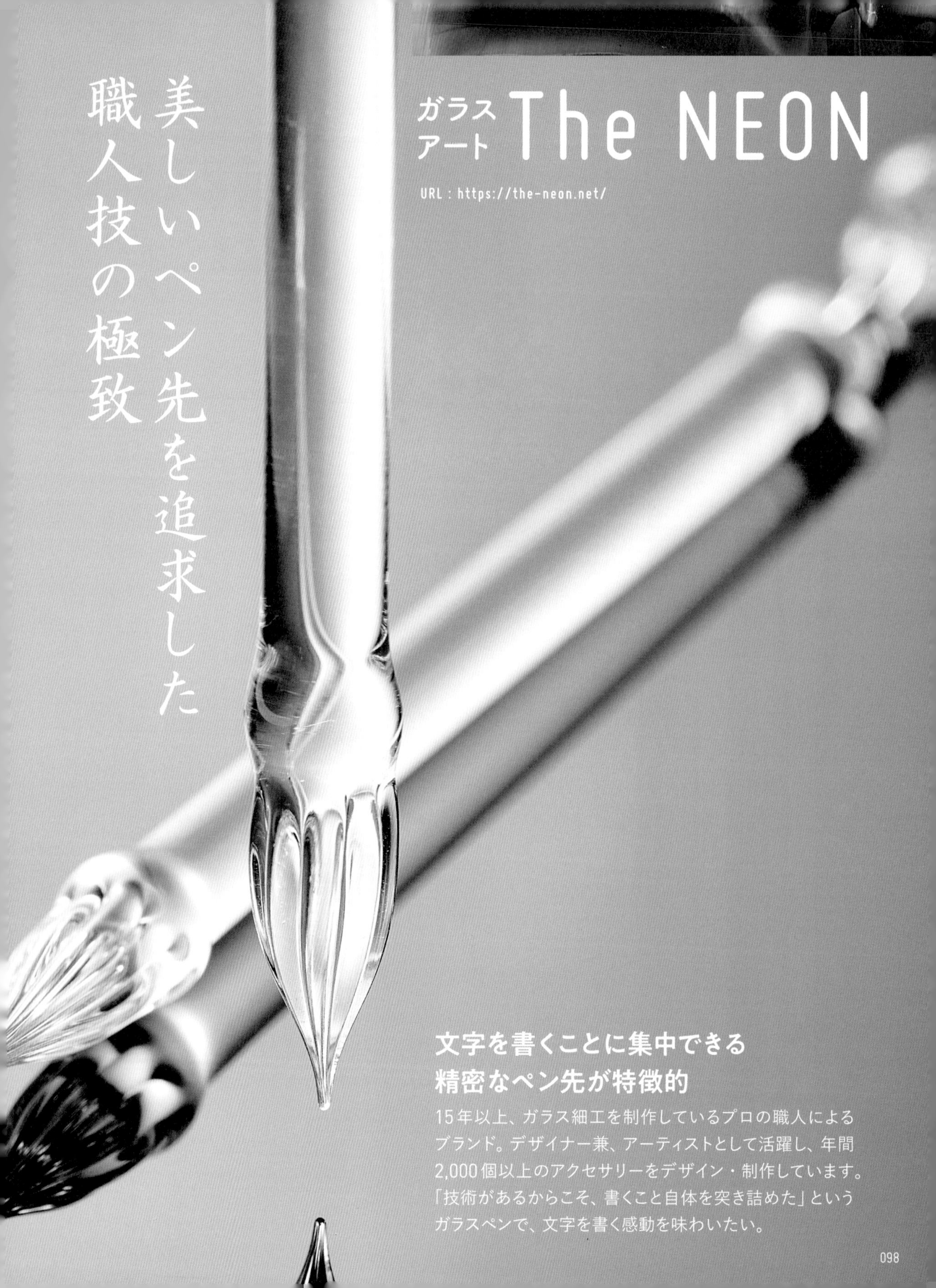

美しいペン先を追求した職人技の極致

ガラスアート The NEON

URL : https://the-neon.net/

文字を書くことに集中できる精密なペン先が特徴的

15年以上、ガラス細工を制作しているプロの職人によるブランド。デザイナー兼、アーティストとして活躍し、年間2,000個以上のアクセサリーをデザイン・制作しています。「技術があるからこそ、書くこと自体を突き詰めた」というガラスペンで、文字を書く感動を味わいたい。

Sign

8,800円

まるで宇宙から見た地球を思わせる大気光を帯びた黒軸。いくつかのパーツを組み合わせて生まれた形で、独特のくびれが印象的です。ゆるやかなカーブによって、持ち手が指に吸いつきます。

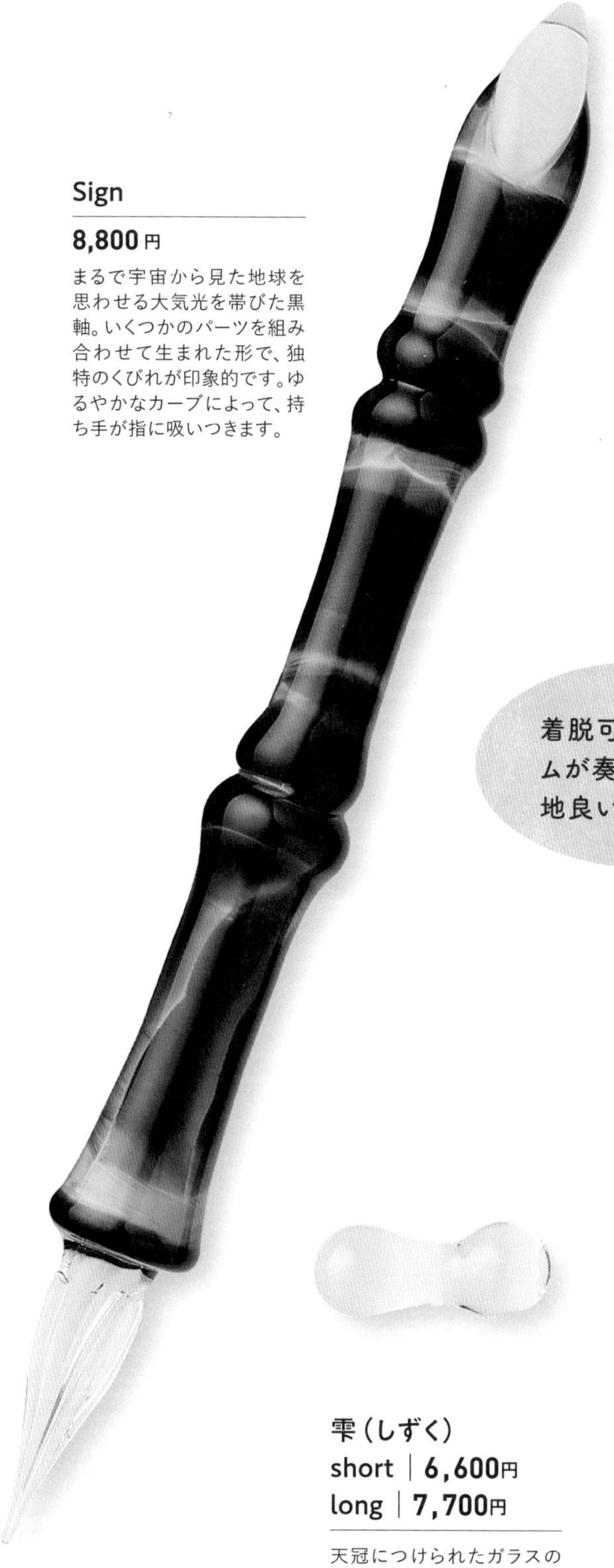

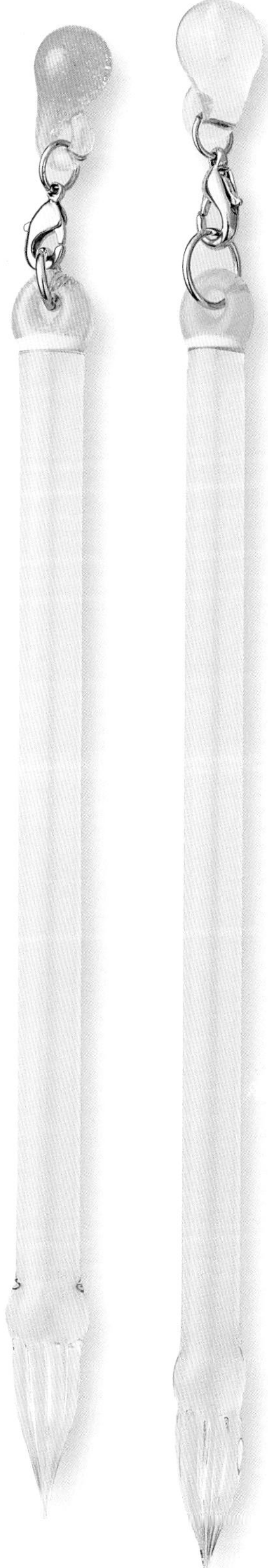

着脱可能のチャームが奏でる音も心地良い

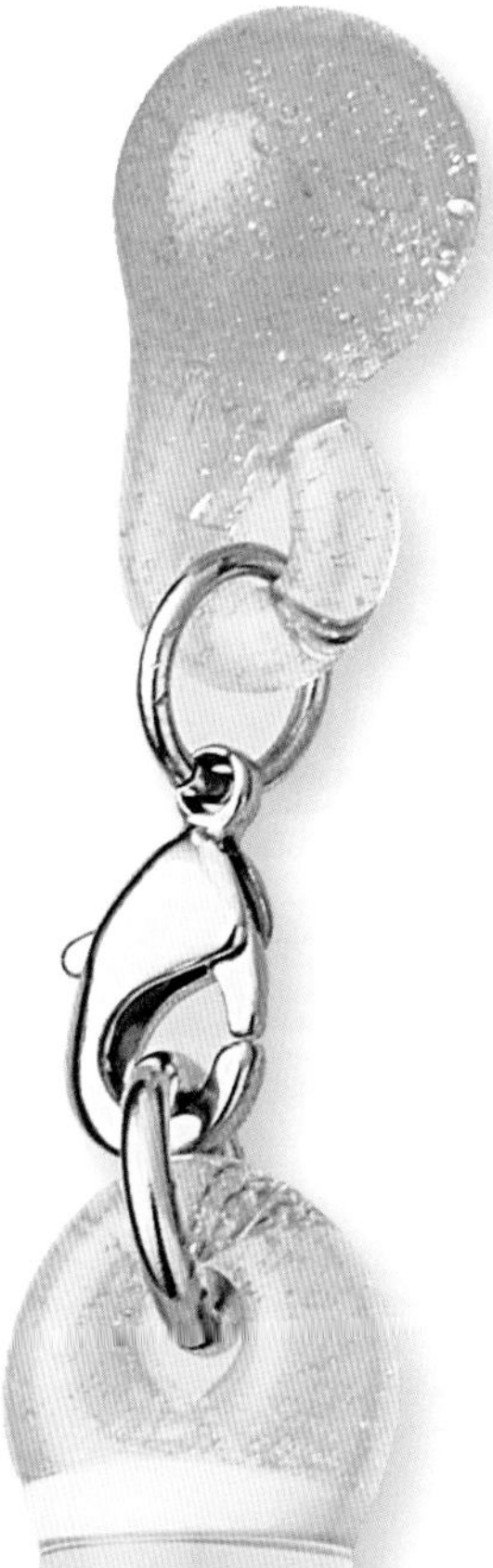

雫（しずく）

short ｜ **6,600**円
long ｜ **7,700**円

天冠につけられたガラスのチャームがポイントのガラスペンです。筆記の際、ペン先が紙の上を滑るサラサラという音と、軸が揺れるたびにかすかに聞こえるチャームの音が合わさって、リズミカルで印象深い筆記体験を。

HERBIN

エルバン

URL : https://www.shop.quovadis.co.jp

ファッションを楽しむように インクと軸をコーディネート

フランスの老舗ブランドが紡ぎだす 鮮やかな配色のガラスペン

インクとシーリングワックスで有名なエルバンは、1670年創業のフランスの老舗ブランド。30色以上あるオリジナルインクは手ごろなサイズと、その発色のよさから日本でも人気が高いです。そんなエルバンのガラスペンは、色彩も豊かなので、インクとのコーディネートがはかどる軸ばかり。

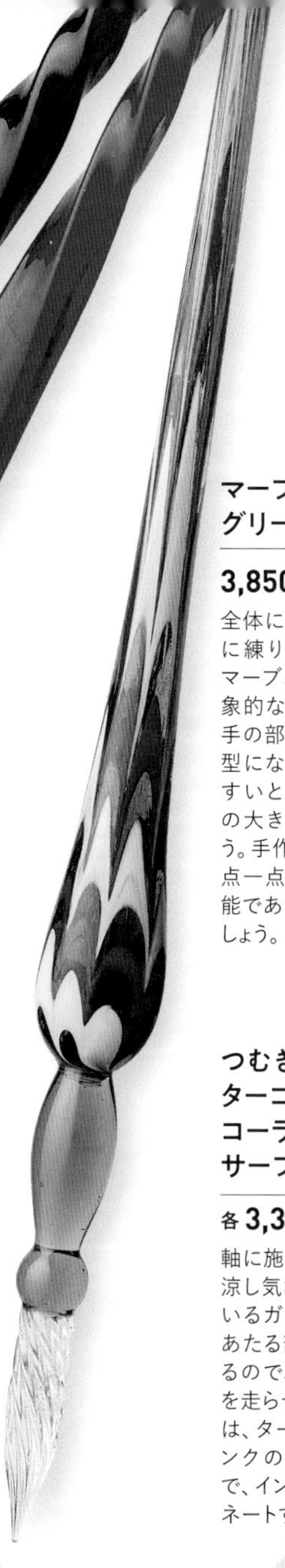

マーブル
グリーン

3,850円

全体に施されたグリーンの地に練りこまれた黄色や赤のマーブル模様の軸がとても印象的なガラスペンです。持ち手の部分が細身のひょうたん型になっているので、持ちやすいところもこのガラスペンの大きな特徴と言えるでしょう。手作りで、模様の出方も一点一点微妙に異なるため、可能であれば実物を見て選びましょう。

ねじり
ロイヤルブルー（右）
パープル（左）

各3,300円

軸全体にねじりの細工がされたガラスペンです。ペン先にかけて、少し膨らみがある低重心タイプなので、安定した書き味を楽しむことができます。また、ねじりの部分に指を添えることができるため、初めての人でも、すんなりとガラスペンを持つことができるところも魅力です。色はブルーとパープルがあります。

つむぎ
ターコイズ（右）
コーラル（中）
サーブル（左）

各3,300円

軸に施された独特のねじれが涼し気な雰囲気を醸し出しているガラスペンです。指先にあたる部分が少し膨らんでいるので、安定した筆致でペンを走らせることができます。色は、ターコイズ、サーバル、ピンクの他にブルーもあるので、インクに合わせてコーディネートすることもできます。

ボックスに入ったミニサイズのインクとガラスペンのセットは、プレゼントにもぴったり
（4,180円）

Yachingstyle

ヤーチンスタイル

コンバーター付き
ガラスペンは
持ち運びにも最適

美しさと実用性を兼ね備えたガラスペン

台湾でジュエリーデザイナーとして活躍する一方、万年筆インクのコレクターとしても有名なヤーチン・ライさんが開発したコンバーター付のガラスペンはとても画期的。ヤーチンさんは、その他にも、宝石をテーマにしたガラスペンなども手掛けており、その美しさは多くのファンを魅了してやみません。

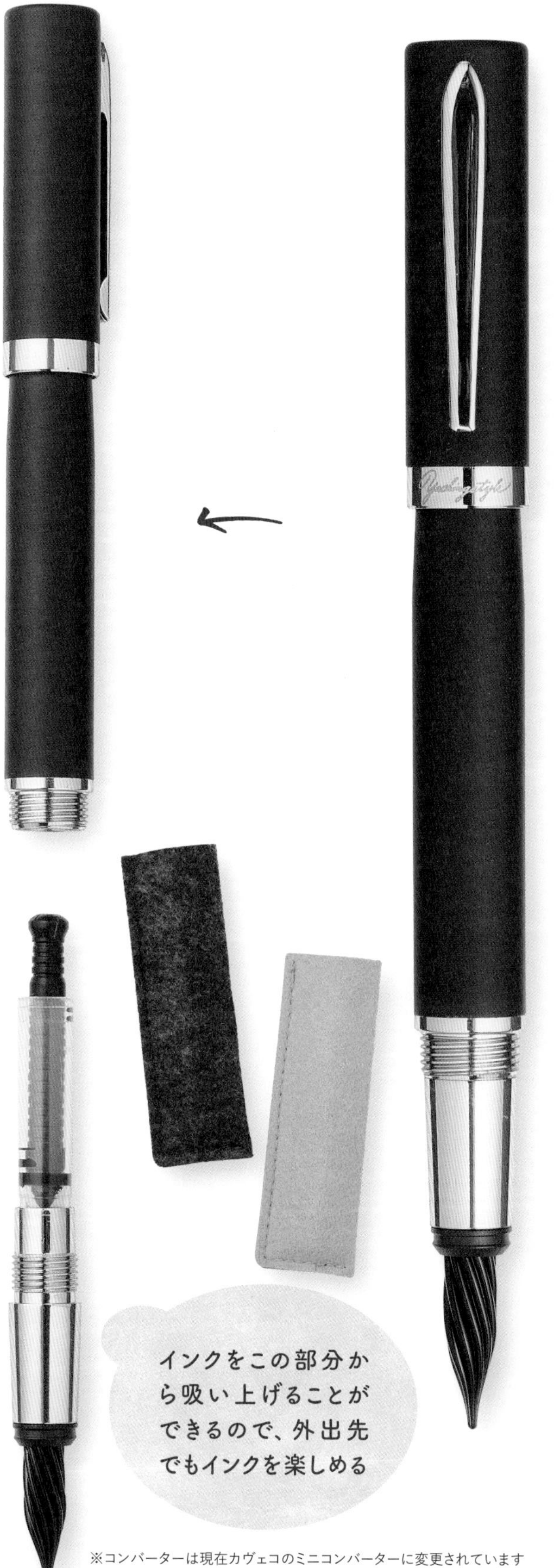
インクをこの部分から吸い上げることができるので、外出先でもインクを楽しめる

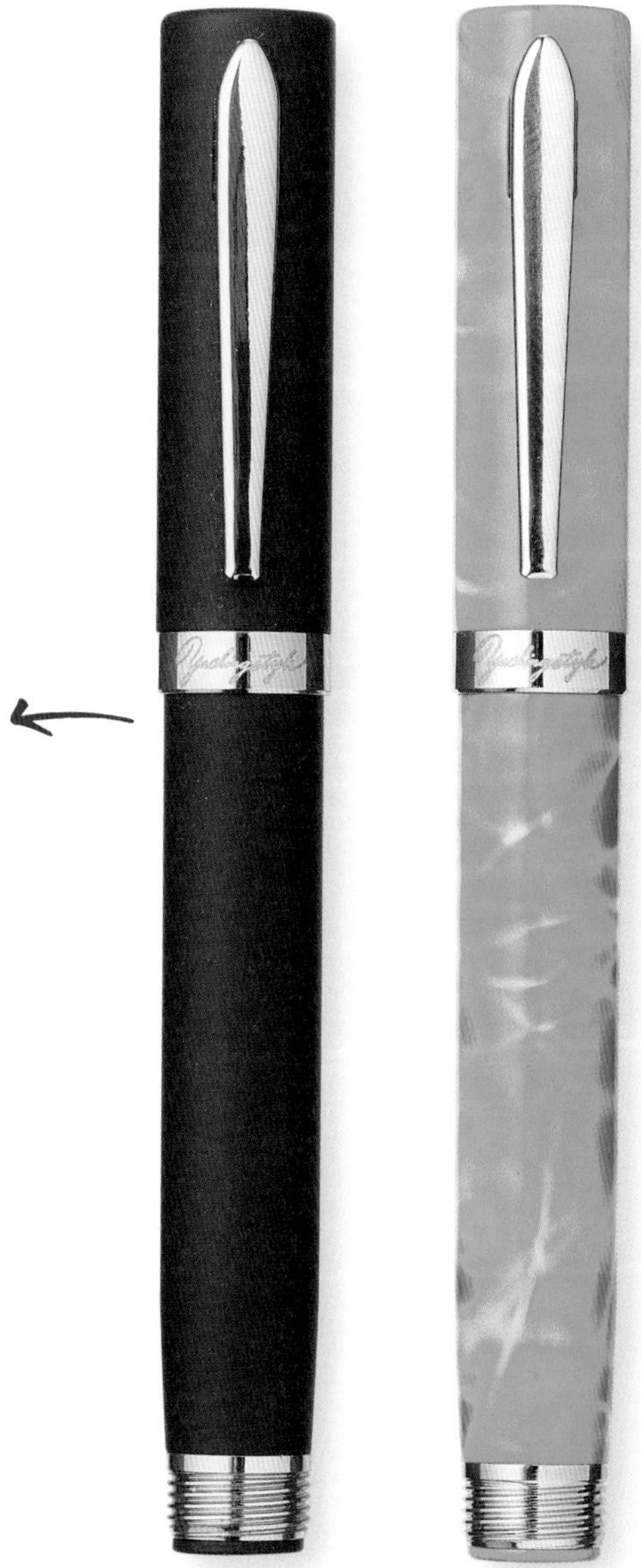

ガラスペン万年筆 ショートタイプ
EVIS B BOXオリジナルカラー
ローズゴールド 限定品
ブングボックスコラボ
ボンボヤージュ［50本限定］

各 **26,400**円

コンバーターが内蔵されているので、インクをそのコンバーターに貯蔵したまま持ち運びをすることができます。ショートタイプのガラスペンですが、キャップを外し、軸のお尻の部分に装着することで、筆記にちょうどいい長さになります。美しいターコイズブルーの軸は表参道のBUNGUBOXのオリジナルです。

※コンバーターは現在カヴェコのミニコンバーターに変更されています

Hario Science

ハリオ サイエンス

URL :https://hariosci.thebase.in/categories/2060760

有名耐熱ガラスメーカーの作る 実用性の高いガラスペン

創業1921年のHarioは、耐熱ガラスでも有名なガラスメーカーです。その理化学事業を担うハリオサイエンスが手掛けたガラスペンは、シンプルな飽きの来ないデザインで人気です。さらにインクポットやペンのお手入れに使えるビーカーなど、ガラスメーカーならではの商品も注目されています。2020年日本文具大賞デザイン部門グランプリ受賞。

世界一の透明度を誇る
毎日使いたくなるガラスペン

シンプルの中に感じる洗練

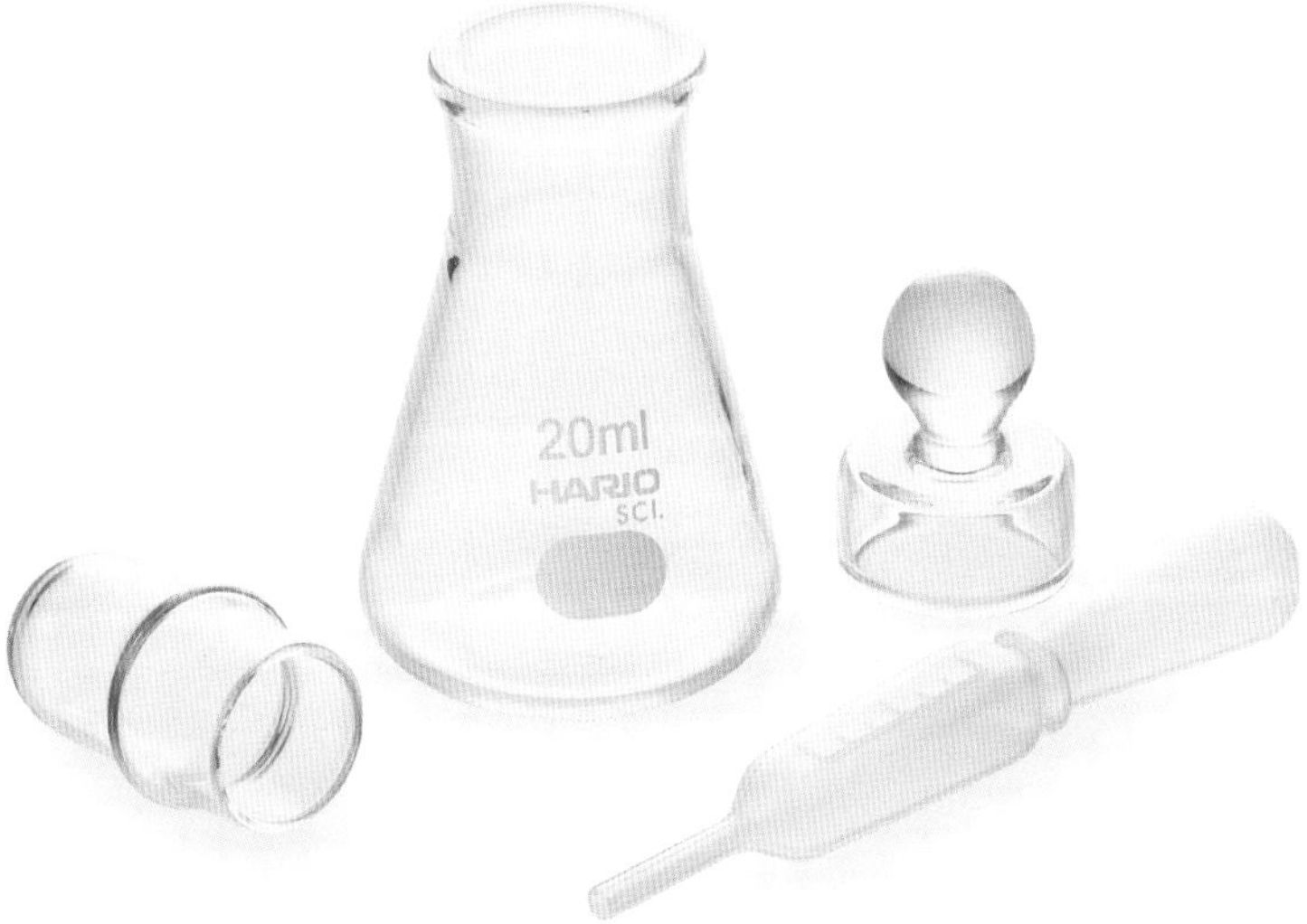

インクポット BOUQUET

5,500円

受け皿に使う量だけインクを移しておけるインクポットです。ボトルだと使っているときに倒してしまう恐れがありますが、安定感のあるインクポットに少量だけ移しておけば、その心配もありません。スポイトもついているのですぐに使えるのも嬉しい。

ビーカー

10ml/20ml/30ml 583円
200ml 660円
500ml 880円

インクを混色するときに使えるビーカーも便利です。最近は混色可能なインクも各メーカーから発売されているので、このビーカーを使って色を混ぜると、作業もはかどります。きちんと分量がわかる目盛りがついているので調色にも最適。

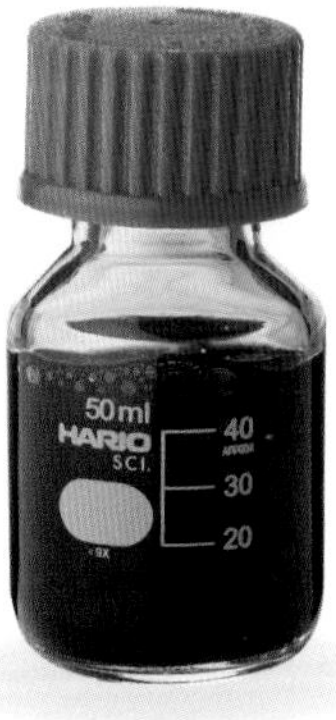

耐熱ねじ口瓶

50ml/250ml 各990円
100ml 880円

インクや水などの液体類を持ち運びできる耐熱ねじ口瓶も、マニアの心をくすぐります。この瓶に水を入れて持ち歩けば、外出先でもガラスペンを使うことができます。サイズも、50ml、100ml、250mlとあるので、用途に合わせて使い分けることができます。

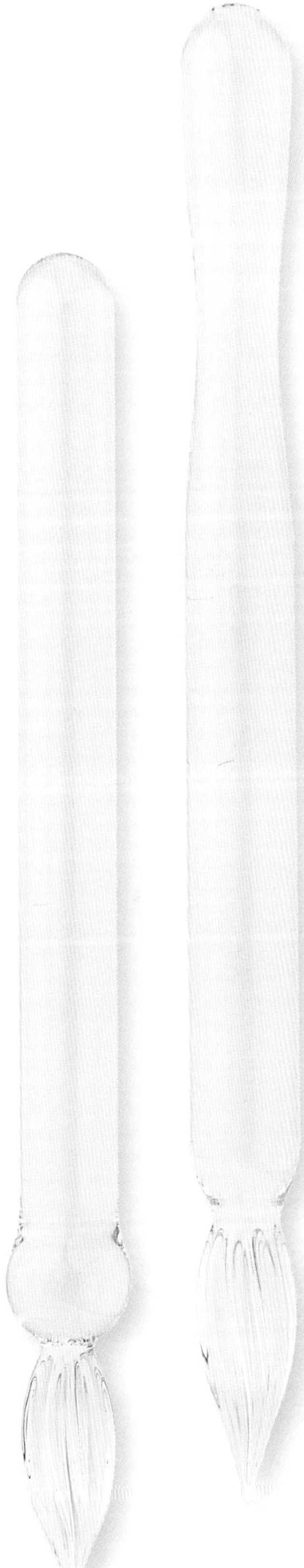

毎日使いたいガラスペン GROOM / BRIDE

各 7,700円

「ガラスペンの居場所は、引き出しではなく、バッグの中にあるべき。」というコンセプトから生まれた、実用的なガラスペンです。耐熱ガラスのメーカーならではの技術から生まれたガラスペンは書き味のよさだけではなく、安心して使うことができます。

青い薔薇を封じ込めた クラシカルな優雅さ

スーリール

SOURIRE

URL : http://sourire.velvet.jp

思わず微笑んでしまうような 美しさを纏った軸の魅力

フランス語で「微笑み」を意味する「SOURIRE（スーリール）」というブランドの作家すがりかさんは、グラフィックデザイナー、イラストレーターを経て、2004年より耐熱ガラスによるバーナーワークを始め、自分の美意識を忠実に再現したガラス作品を作り続けています。デザインはもとより、書き味にもこだわったガラスペンも人気です。

ROSE

19,800円

華麗に咲く青い薔薇を閉じ込めたガラスペンです。クラシカルで優雅なデザインの軸は、ゆったりと文字を書くのにぴったり。青い薔薇の花言葉は「夢はかなう」。このペンで自分の夢を書き綴ったら、きっとその夢は叶うかもしれませんね。

ぬくもりを感じる木軸とクールなガラスペンの出合い

c b a

f e d

月の光が結晶化したイメージのギルソンオパールを閉じ込めた神秘的なガラスペン

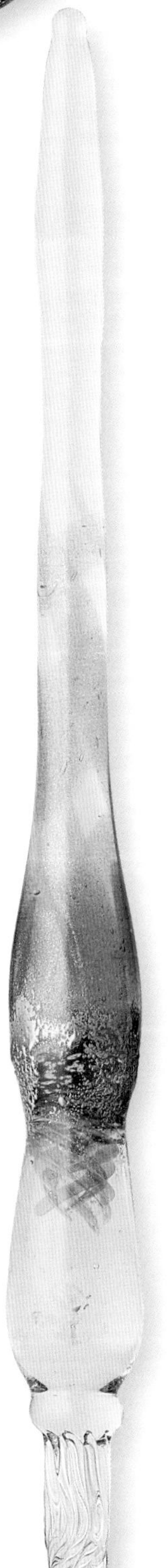

g

a. パープルハート
b. バーズアイメープル
c. 黒檀
d. 黒柿
e. 屋久杉
f. 神代楡

6,600円

軸の部分が木軸になっているガラスペンです。木の美しさをそのまま味わってもらうために、あえて軸のデザインはシンプルにしているのだとか。木の種類は100以上あり、その時々でレアな木が入ってくることもあるので、そういった木軸との出合いを楽しむのもおすすめです。

g .月読（つくよみ）

17,600円

夜の国を支配する神様に捧げるというコンセプトのガラスペンです。古代の遺跡から発掘されるローマングラスの宝物からインスピレーションを受けたという軸は、何とも言えない淡い青緑色で、軸の中に封じ込められたギルソンオパールの輝きが世界観をより特別にしています。

淡い桜色の螺旋が紡ぐ
優しい世界

KITAICHI GLASS

北一硝子

URL : https://www.kitaichiglass.shop

舶来ガラスペンの風合いを堪能したい

明治時代からの長い歴史の中で育まれた北一硝子は石油ランプや器、アクセサリーといったさまざまなガラス製品を扱っています。ガラスペンは、ドイツとイタリアで制作しており、舶来ものならではの魅力にあふれ、日本のガラスペンとはまた違った雰囲気を味わうことができます。

桜

3,900円

スタンダードな形のドイツ製ガラスペン。桜の色をイメージしたデザインは、主に女性に人気。軸の中の螺旋状の桜色は、桜吹雪を思わせ、心が躍ります。

ゆるやかなM字が優しく
ガラスペンを支える

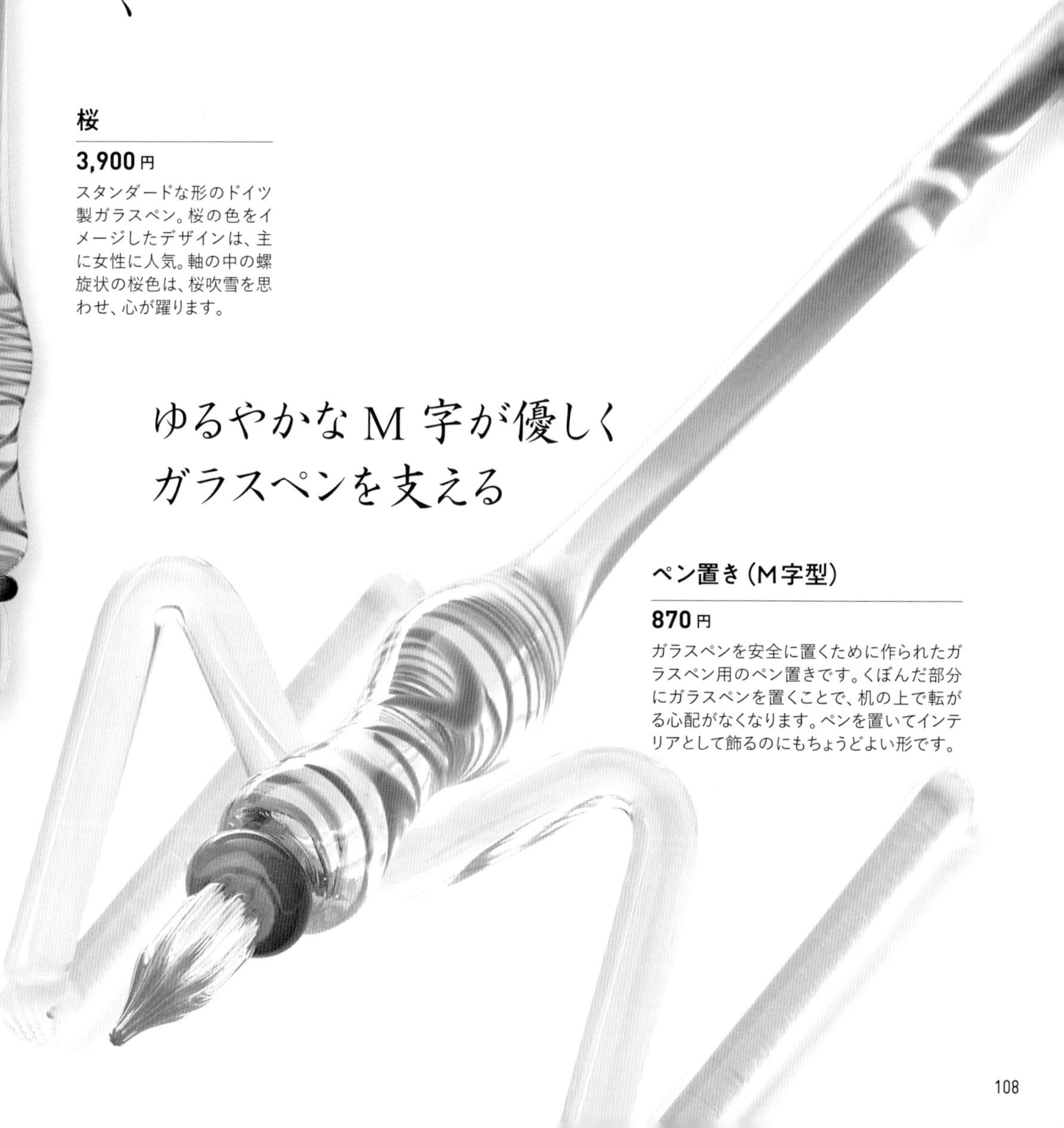

ペン置き（M字型）

870円

ガラスペンを安全に置くために作られたガラスペン用のペン置きです。くぼんだ部分にガラスペンを置くことで、机の上で転がる心配がなくなります。ペンを置いてインテリアとして飾るのにもちょうどよい形です。

流麗なレース模様でエレガント

a

珍しい色のクールなコントラスト

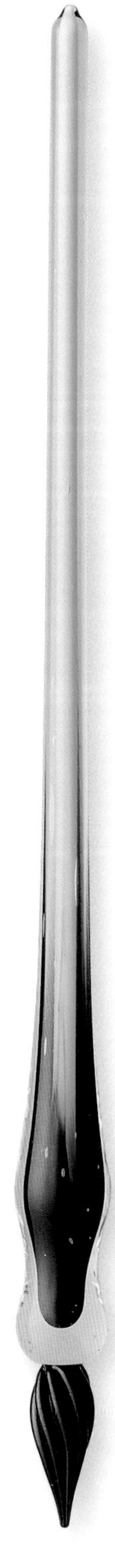

b

大胆なねじりとオレンジが織りなす秋の景趣

c

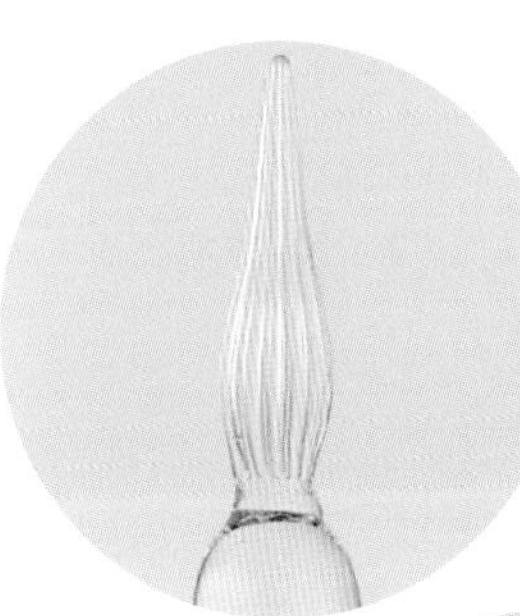

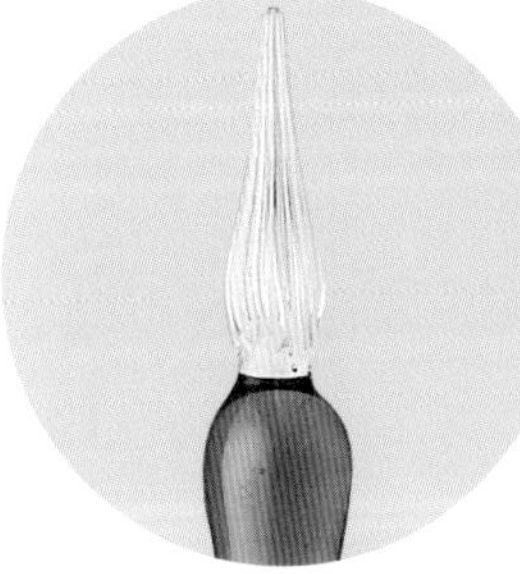

a. レース 青緑

4,500円

透明のガラスの中に青緑色のレース模様が施されたイタリア製のガラスペンです。北一ヴェネツィア美術館ミュージアムショップで販売しているイタリア製のガラスペンはヴェネツィアのムラノ島で女性職人によって作られています。ペン先の溝は12本なので、滑らかな書き味が楽しめます。

b. 色重ね 水色

7,000円

黒と水色のガラスを重ねて作られた、少し面白い色の組み合わせが楽しめるドイツ製ガラスペンです。溝が8本あるペン先が黒色なのもユニーク。指の部分が少しくびれているので、筆記時も安定した角度でペンを走らせることができます。

c. 夕映え 秋限定

3,800円

秋の夕陽に照らされた紅葉を思わせる、軸のねじりが印象的なイタリア製ガラスペンです。ペン先にかけての3つの形や色の異なる球体とその間の黒いリングがアクセントになっています。ペン先の溝は12本で、長時間筆記を楽しむことができます。

ユニークな樽型のペンレストの愛らしさに心和む

ペン置き（丸型）

各 760 円

ぽってりとした樽をイメージしたペン置きです。底の部分が平らに加工されているので、転がることもなく、しっかりとガラスペンを支えます。全11色の展開なので、ガラスペンとのコーディネートを楽しめるのもこのペン置きの魅力です。

雪景色 冬限定

3,800 円

一面の雪景色と澄み渡る冬の青空をイメージしたガラスペンです。持ち手の部分にねじりが入っていて、光がキラキラと反射するところがこのペンの面白さでもあります。白とブルーのコントラストが美しく、イタリアらしい華やかなデザインのガラスペンです。

雪山を思わせるガラスペンのペン先をインクで染める至福

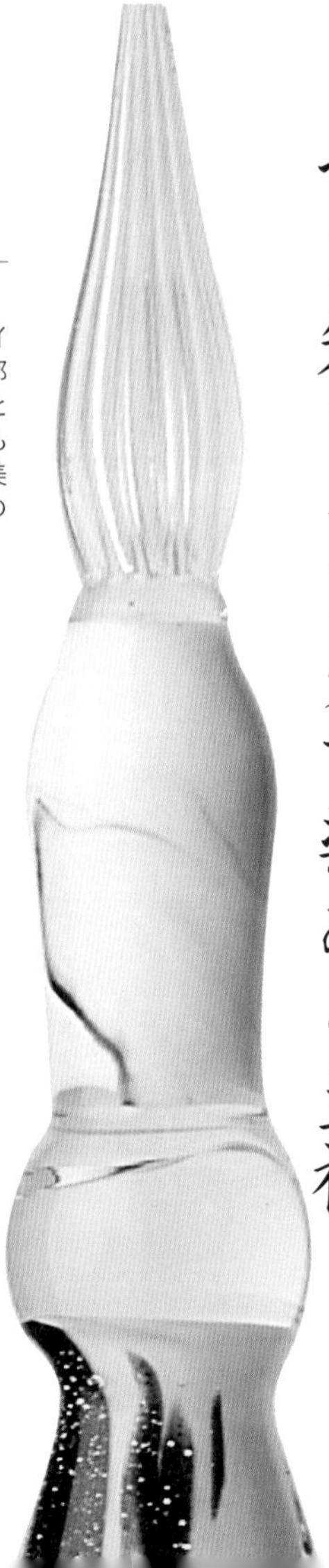

箔が施されたアクセサリーのようなペンレスト

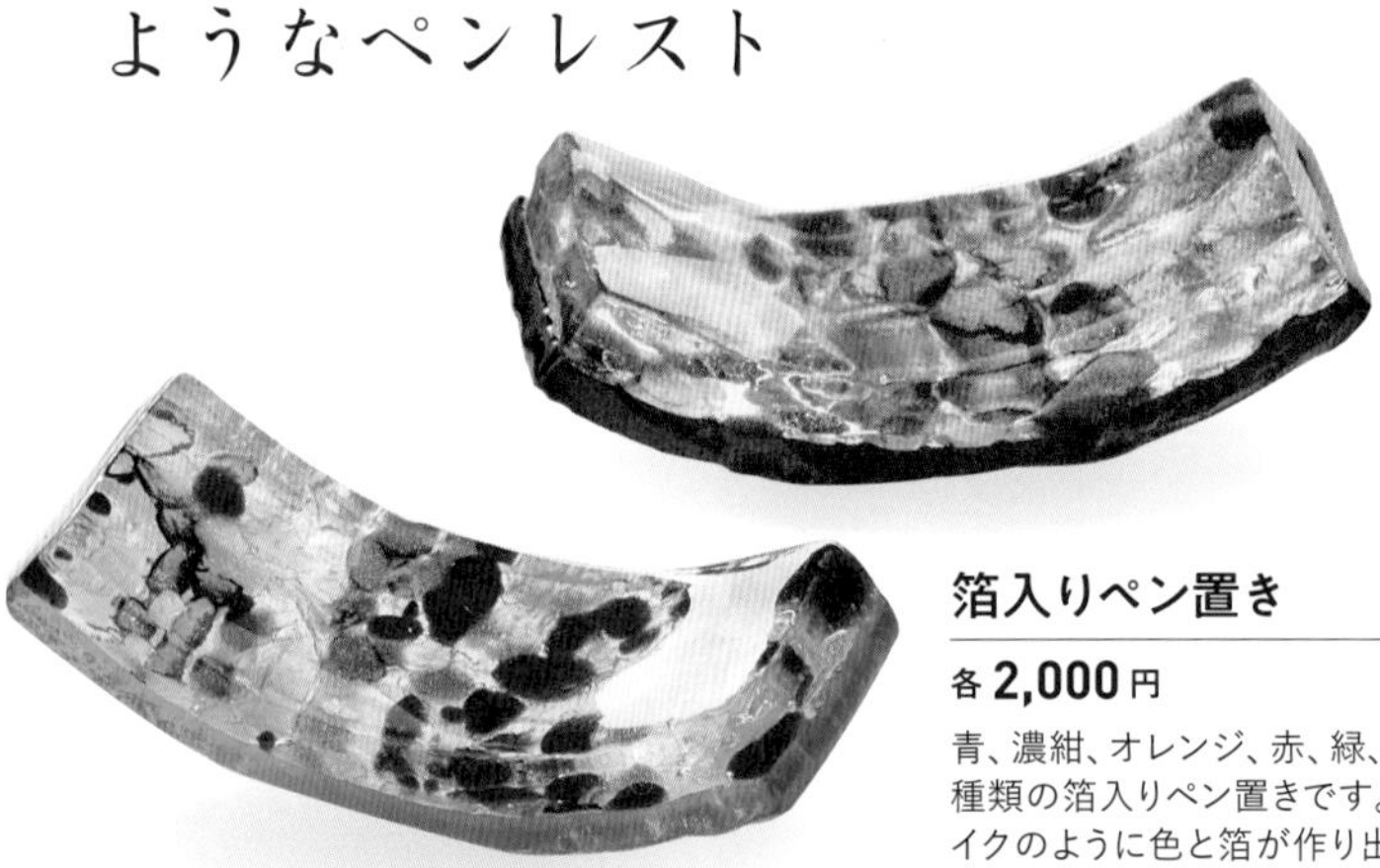

箔入りペン置き

各 2,000 円

青、濃紺、オレンジ、赤、緑、黒、6種類の箔入りペン置きです。モザイクのように色と箔が作り出す立体的なペン置きは、どの色のガラスペンを置いたら映えるだろう？と考えるのも楽しい。

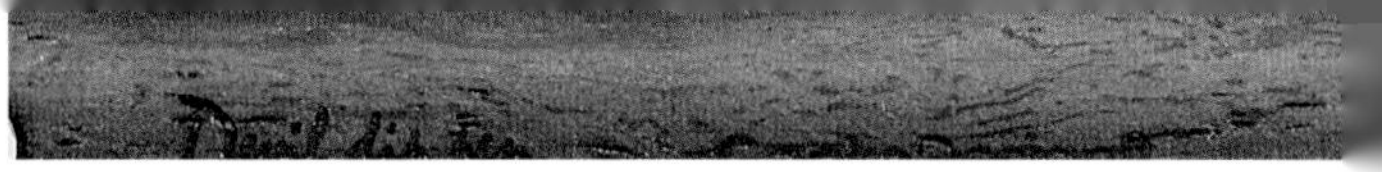

Gecko Design

ゲッコーデザイン

URL :https://preco-corp.co.jp/

時間の経過を楽しめる木軸

デビル ディップペン アフリカンエボニー

11,000円

ガラスのペン先だけではなく、スチールのペン先もセットになっているので、ふたつの異なる素材を楽しむことができます。また、ストレートなタイプの軸はどんな指にもフィットして、筆記をサポートしてくれるのも安心。

軸本体やガラスペン先だけでなく、軸を固定するためのゴムや、つけペン用のホルダー各パーツも、単体で購入することもできるので、万が一紛失したとしても安心です。

つけペンも付属されているので、ガラスペンとは違った筆記線を楽しむことができます。ガラスペン先と上手に使い分けてみるのもよいでしょう。

インクウェルと呼ばれるガラス製のインクボトル。ガラスのペン先に適量のインクをつけられるような構造になっています。

斬新で画期的な木軸との組み合わせ

GeckoDesignは、2012年に設立された「生活を楽しむための、シンプルなデザイン」というコンセプトで製品開発をしているデザイナー集団です。そんなデザイナー集団が作り出したガラスペンは、なんと、軸は木軸でペン先はガラスというふたつの素材を組み合わせた画期的なもの。インクをたっぷり含むガラスペン先をしっかりとホールドする木軸は、使うほどに風合いが増すので長く使っていきたい。

Otonari工房

URL :https://otonari67.exblog.jp

螺旋の大胆な強弱に漂う品格

デザイナーの洗練された センスが光るガラスペン

ガラス作家の吉田綾香さんは、2009年に東京国立にotonari工房を設立。現在、酸素バーナーワーク教室を運営しながらガラスアクセサリーを中心に制作販売を行っています。その技術を活かして作られたガラスペンはメリハリがあって美しいデザインが特に目をひきます。

影がかわいいガラスペン ブルー / レッド
(アンコーラ銀座本店販売商品)

11,000円

軸の本体の太さが微妙に異なるところが面白いガラスペンです。軸の半分は細めですが、ペン先にかけて太くなっており、そこに指がちょうど当たるので、安定した書き心地です。網目模様も美しく、筆記時もじっと眺めていたくなります。

グラスマウス

glass mouse

URL : https://pellepenna-penshop.com/collections/glass-mouse

日常をちょっと輝かせてくれるような ガラスペン

石田ゆりさんは、アメリカ各地のワークショップでアシスタントや講師をして活動した後、東京国際ガラス学院のバーナー講師を経て、2001年にグラスマウスを設立し、現在はガラスのアクセサリーやオブジェなども手掛けています。ガラスペンは、石田さんを含む3名のクリエイターによって作られています。

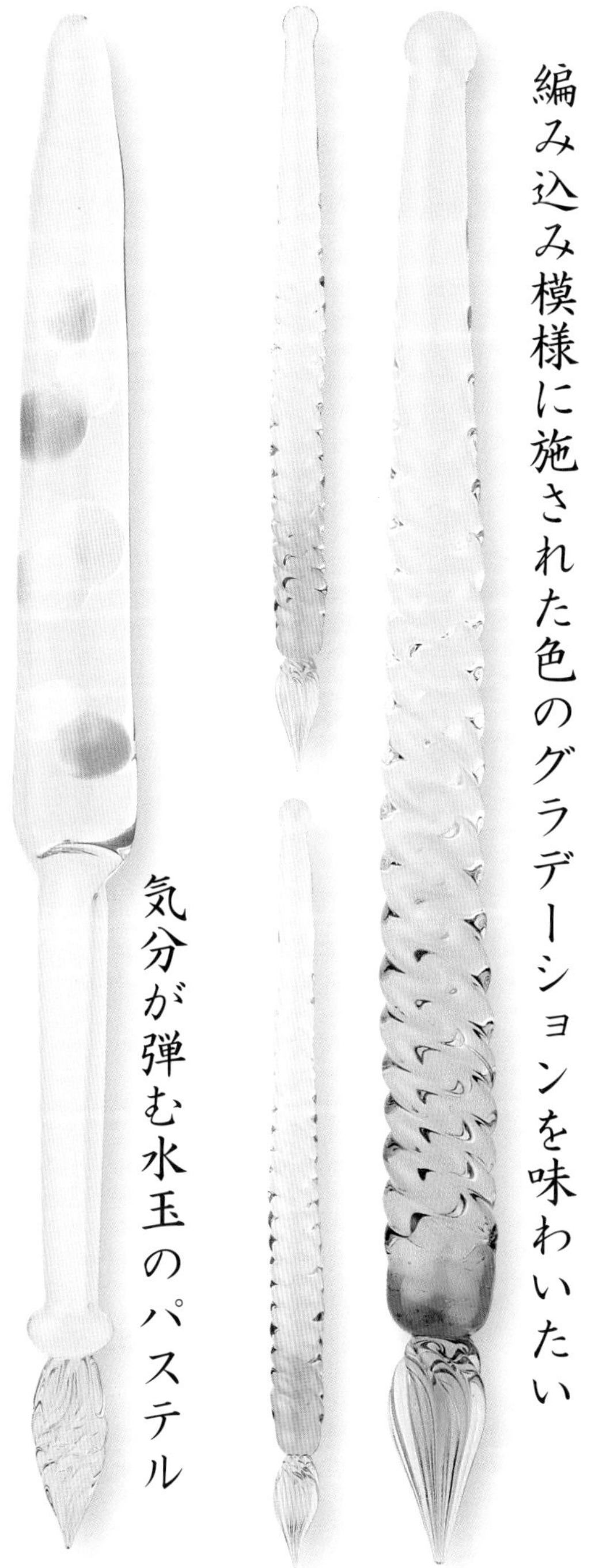

編み込み模様に施された色のグラデーションを味わいたい

気分が弾む水玉のパステル

フラットペン 水玉パステル

13,200円

断面がかまぼこ型で、途中で90度ねじられたガラスペン。平な部分が手にフィットして持ちやすい作りになっています。
※水玉はランダムになります。

カラーゼリー ショートペン

7,700円

可愛らしいゼリーのようなぷっくりとしたデザイン。ペン先にまでカラーの入った非常に珍しいガラスペンです。ねじりが手にフィットし、ショートサイズで疲れにくく、特に女性におすすめです。

Glass workshop HONOO

ガラス工房ほのお　菅 清風

URL : https://www.kanseifu.com

川の清流を思わせる流麗な波模様

京都北白川で作られるみずみずしい輝きを有するガラスペン

1920年生まれのガラス加工職人である菅清風さんが、昔懐かしいガラスペンを硬質ガラスにこだわって復刻し、世界初となる硬質ガラスペンを完成させたのは1996年のこと。以来、1200度にもなるバーナーから吹き上がる炎と格闘しながら、力強さも感じられるガラスペンを作り続けています。

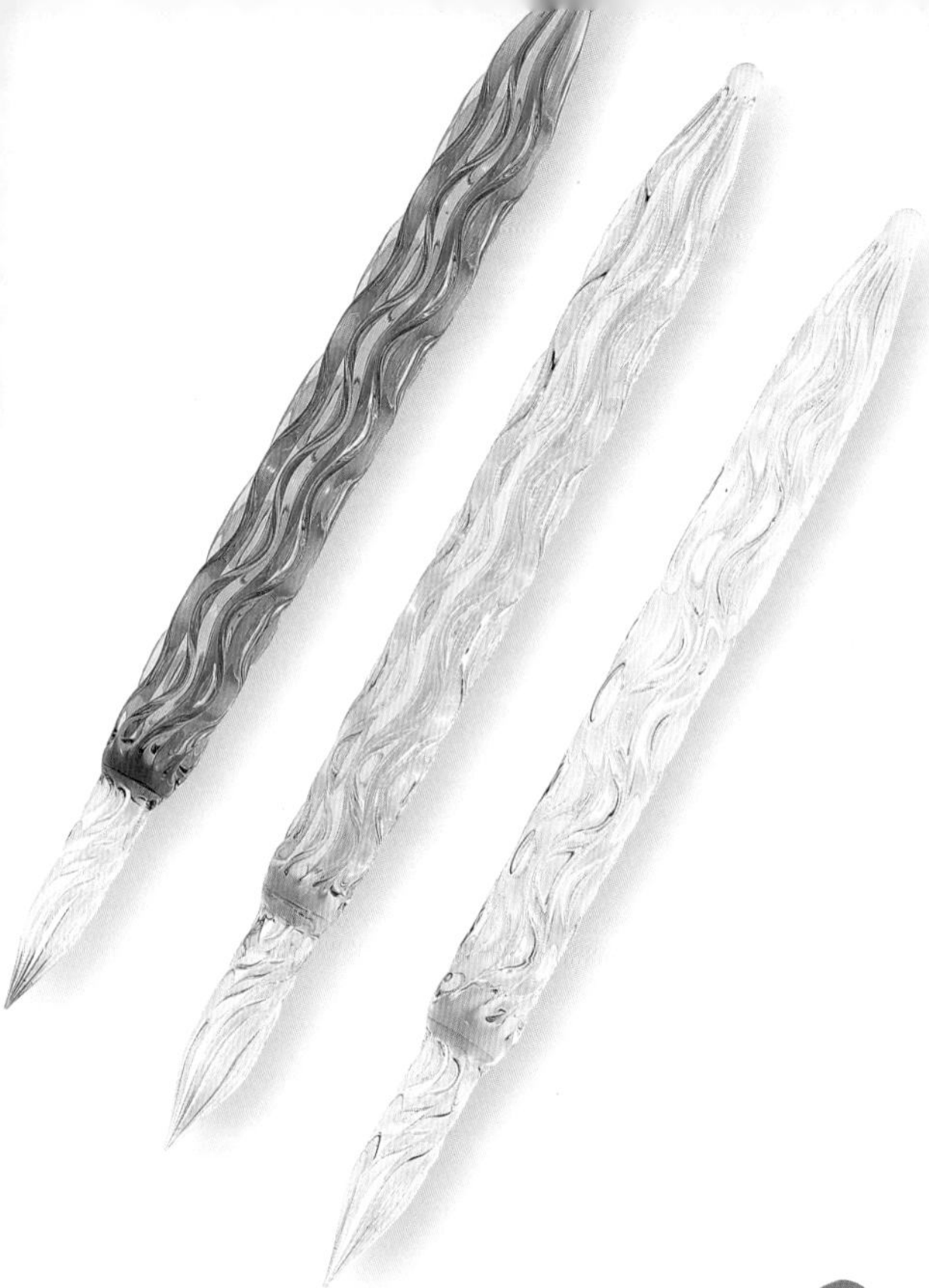

硬質ガラスペン 93流れ
せせらぎ／さくら／クリア

各 16,500 円

菅清風さんの93歳を記念して発売された限定モデルです。ストレートタイプの軸に流れるような絞りが施されていて、持った時の感触が心地よく、まさに上質。細い線が描きやすいので、絵を描くときにもおすすめです。

硬質ガラスペン 加茂の流れ
(特注品 せせらぎ)

41,800 円～

軸の中心部分がぷっくりと膨らんでおり、手にしっかりと馴染むタイプのガラスペンです。軸全体にダイヤ絞りを施し、名前の通り、賀茂川のせせらぎを思わせるデザインとすがすがしい青色の色味が筆欲を後押ししてくれます。

CHAPTER

3

愛好家の使い方

書く行為を広げてくれる美しいガラスペン。その魅力に取り憑かれ日々存分に楽しみ尽くす達人がいます。ガラスペンという特別な筆記具を駆使して生まれた多彩な作品や幅広い世界を、それぞれの使い方をなぞりながら味わってみてください。

GLASS PEN LOVER #01 Hiroshi Sato

ガラスペンでイラストの新たな画風を生み出す

万年筆画家

サトウヒロシ

万年筆画家。絵本作家。著書に『万年筆ラクガキ講座』（枻出版社）などがある。最近では、ガラスペンを使用した作品も多く手掛けている。

ペン先にインクが乗る ガラスの美しさ

ずっと「万年筆ラクガキ」というのをやっているうちに、インクがたくさんたまってしまったんです。でも、万年筆だとインクを入れ替えなくてはいけない。「あっ、ガラスペンがあるじゃないか」と気づいて使い始めました。

実際に使ってみたら、使いやすいものと使いにくいものがあって、ペンによって太さとか出る量がだいぶ違うんだなってわかりました。ガラスペンのよいところはたくさんありますが、透明なペン先にインクが乗っかる瞬間がすごくきれいなんですよね。だから、描きたくなる。ガラスペンはあらゆる意味で優秀な画材だと思います。

最初は輸入ものの木の軸に先だけガラスペンが付いているタイプのものをよく使っていました。絵を描くのに集中すると、気がついたらガラスペンがデスクから転がって、落ちて割れるということがしょっちゅうだったんです（笑）。だから、安くて気軽に使える木軸のもので描いていたんですけど、難点があって……。ペン先のインクを落とすために水につけておくと、水分で木がふやけてしまうんです。すると、ペン先がスッと抜け落ちてしまう。こんなことが起こるんだ！　と思ってからは、軸と一体型のガラスペンに落ち着きました。ガラスペンは日本発祥というだけあって、日本のガラスペンは平均的にレベルが高い。でも、画材として使うとなると予算を高くても5千円くらいと決めているんです。8千円くらい出せば選択肢がグンと広がるのはわかっているんですけど、とにかくよく壊してしまうので……。

結局、いろいろ挑戦してみるけど、気がつけばこのドイツの「CIPIN」というガラスペンを使っています。描きやすくて手頃なお値段というのが1番で、あとは近くの文具店で定番で置いてあるので壊してしまったときにいつでも買いに行けます。

ガラスペンのおかげで、新しい技法を思いついたり、万年筆では使いづらい顔料インク、ラメ入りインクもどんどん使えるので、画風の幅が驚くほど広がりました。やりたかったことが実現できる、私にとってはもうなくてはならない存在となっています。

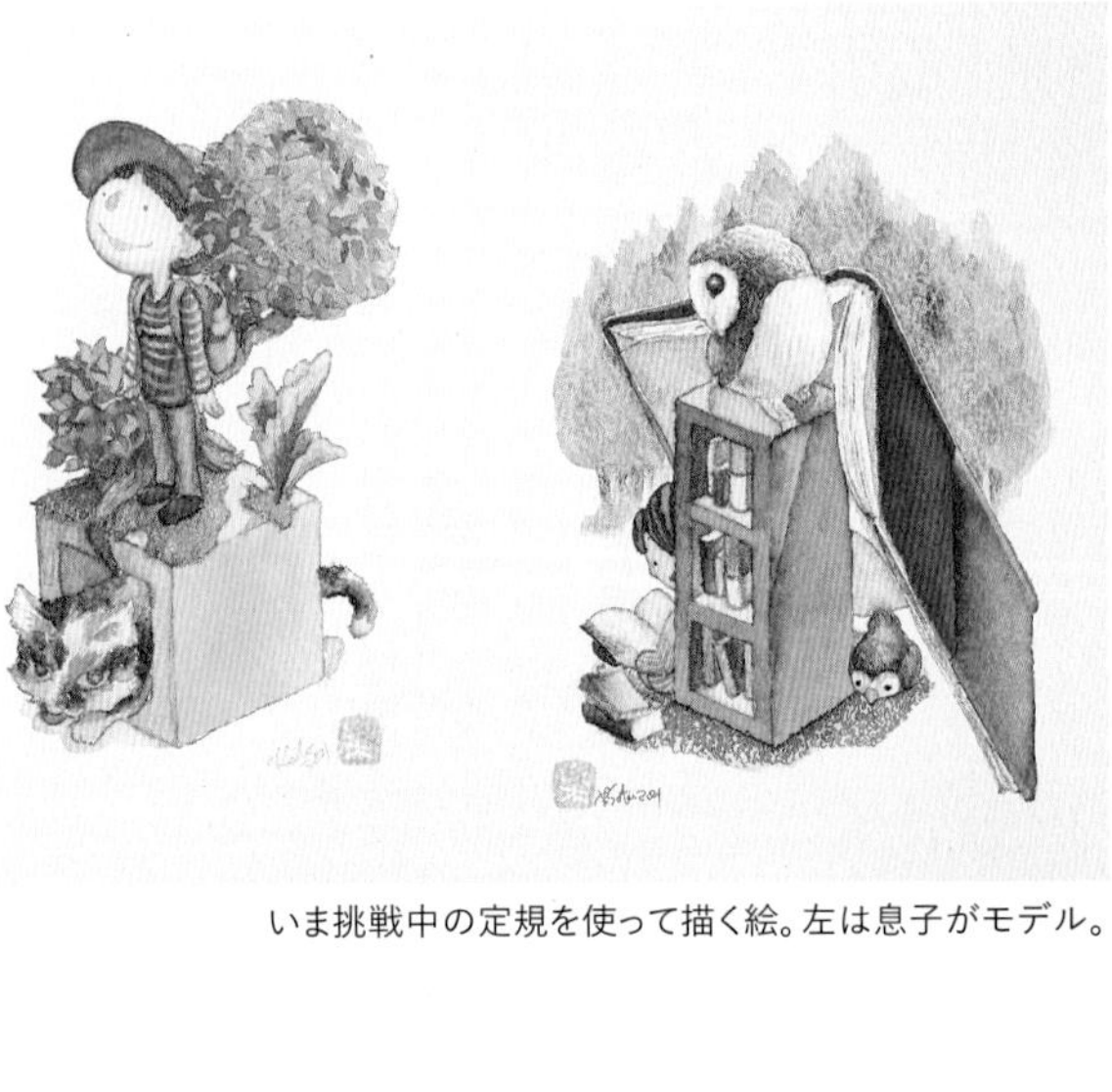

いま挑戦中の定規を使って描く絵。左は息子がモデル。

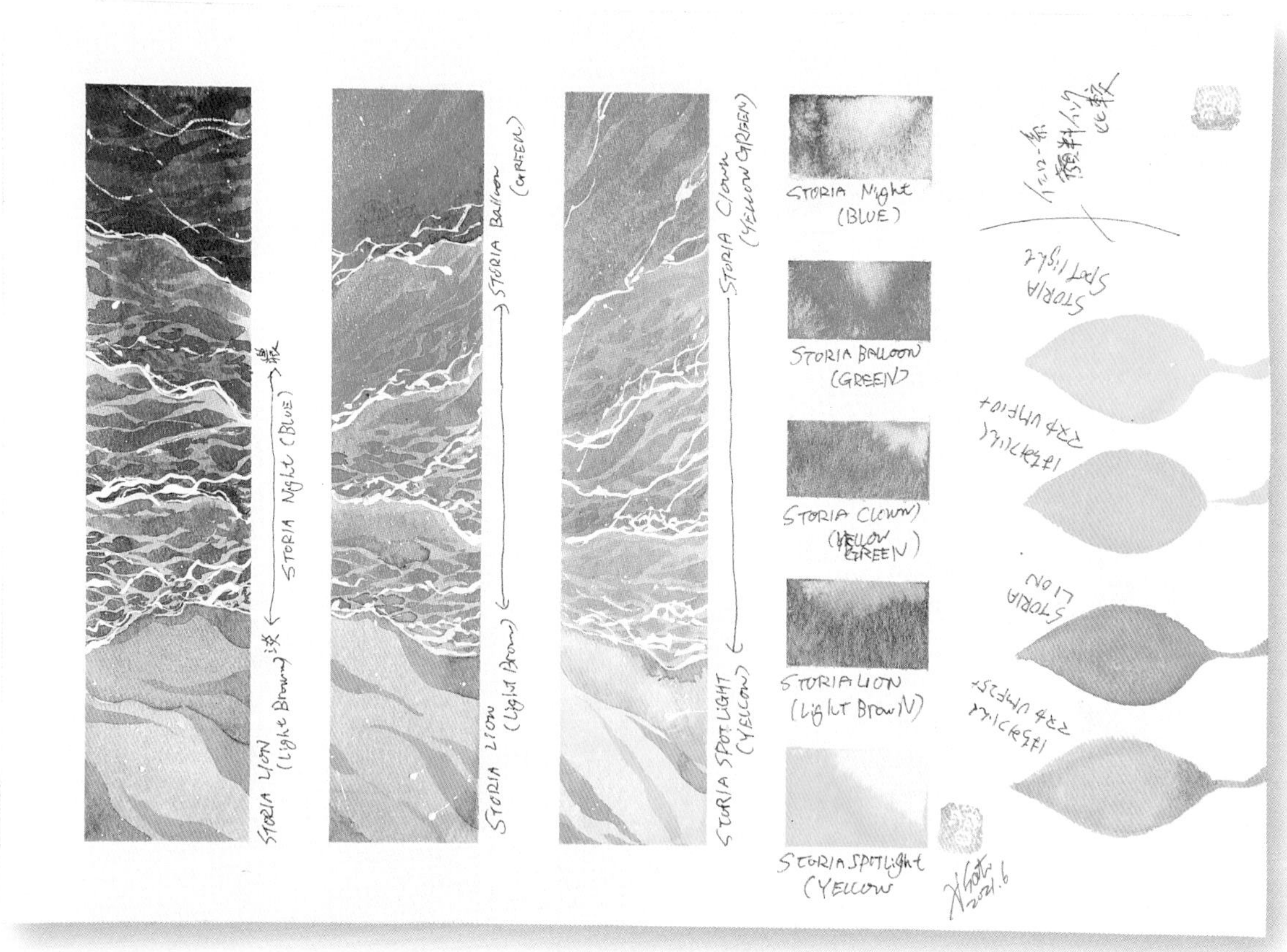

研究ノート。試し書きと作品につながる技法研究を兼ねたメモ。ワトソン紙を使用。

ラメ入りインクの特性を生かして、1種類のインクでどこまで表現ができるかを試したもの。

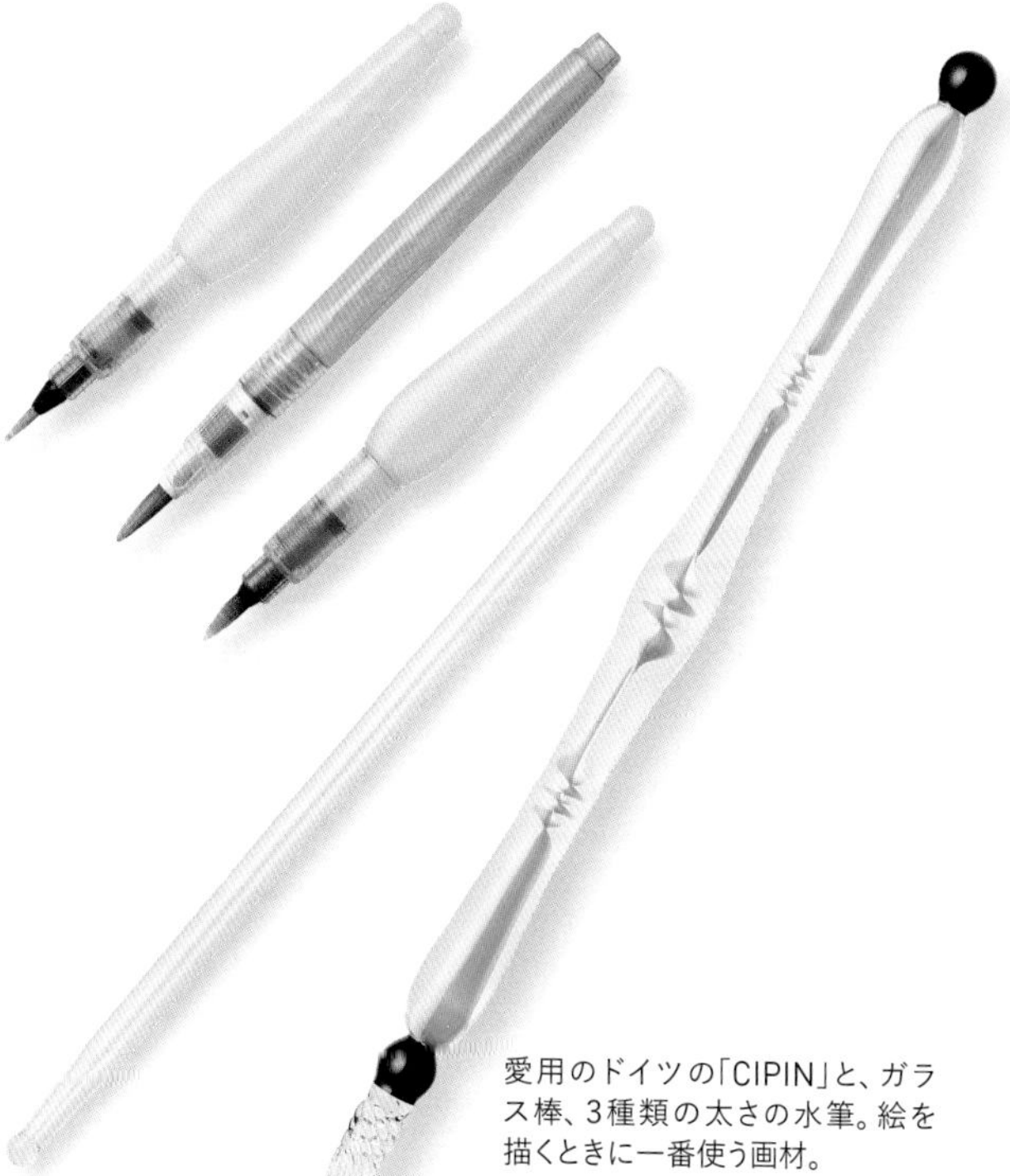

愛用のドイツの「CIPIN」と、ガラス棒、3種類の太さの水筆。絵を描くときに一番使う画材。

How Hiroshi Enjoys Glass Pen

START

①水彩紙に水筆で程よく水を敷いておく。

②インクボトルにガラス棒をぽとんとつける。

③ガラス棒の先についたインクを、水を敷いた所に落とす。

④水筆でインクを描きたい形にのばして、いったん乾かす。

⑤濃く表現したいところには、さらにインクを落とし、水筆でのばして陰影をつけていく。

⑥すでに紙の上に乗っているインクを水筆でなぞると、のせた水分にインクが溶け出してくる。

⑦浮き出たインクをティッシュで拭うと色が抜ける。

⑧同じ理屈で水をつけたガラスペンでなぞり、ティッシュでインクを抜くとザラザラとした木肌が表現できる。

完成！

1瓶のインクで幅広い表現を実現

染料の万年筆インクは、乾いたあとでも水に濡らせば色を抜くことができます。その特性を応用すると表現の幅が広がりました。

　わかりやすいように1種類の万年筆インクを使って、木を描いてみました。インクを薄める、足す、抜くなどを繰り返し、濃淡で木の陰影をつけていきます。水を含ませたガラスペンでなぞることによって、よりリアルな木肌のザラザラした質感を表現することができます。ワークショップなどでこれをやると、みなさん驚かれますね。

万年筆インクは透明水彩より単色での色幅が広く、例えばタッチアの「壌」であれば薄い茶からこげ茶までを表現できる。

「インク瓶を描く少女」と題された絵にはたくさんの万年筆インクと画材が使われている。

顔料インクも気兼ねなく使える手軽さ

顔料インクを使いはじめたのは最近で、使ってから一気にまた表現の幅が広がりました。とりわけ動いてほしくない下地の色には、顔料インクが大活躍です。

顔料インクは、上に染料インクを乗せたあとで水で色を抜いても、顔料インクはそのまま残ります。下地は料理でいう出汁にあたるもので、出汁をきかせたまま、染料インクで思いきり遊ぶことができるんです。染料インクを下地に使うと、出汁ごと色が抜けてしまうこともあるからです。

顔料インクは万年筆に入れるとメンテナンスが面倒なので嫌がられることが多いですが、ガラスペンなら気にせず使えるのもいいですね。にじんでほしくない線画を生かした絵などもガラスペンのおかげで描けるようになりました。自分自身もこれからがとても楽しみです。

GLASS PEN LOVER #02 Nobuko Tsutsumi

芸術美と機能美を兼ね備えた ガラスペンで書く優雅な時

フリーアナウンサー・紙採集家

堤 信子

フリーアナウンサーとしての肩書きに加え、紙採集家としても活動中。また、万年筆やインクコレクターでもある。著書に『堤信子のつつみ紙コレクション』（玄光社）などがある。

コレクションインクを安心して使える喜び

ガラスペンとの出合いは、実は古くて20代の頃。地元の福岡でアナウンサーとして取材させていただいたガラス工房で作られていたんです。そのときはガラス工房の取材がメインだったので「きれいだな」と思ったくらいで、今のように書いたり集めたりするところまでは至りませんでした。

もともと万年筆好きで万年筆はたくさん持っていたのですが、ガラスペンをコレクションするようになったのは実用的にというよりも、ガラスの美しさに惹かれてという部分が大きかったですね。ガラスペンってたたずまいそのものに魅力があって、これで文字を書くと特別な気持ちになれる。万年筆にも同じような魅力がありますが、ガラスペンのペン先を眺めているだけで、ガラスの魅力に吸い込まれてしまいます。

ガラスペンが私にとってなくてはならない存在になったのは、コレクションしている万年筆インクを安心して使えるからです。万年筆インクには賞味期限のようなものがあって、数年経つと粘度が高くなってきます。粘度の高くなったインクを万年筆に入れると万年筆を傷めることがあったり、場合によってはペン先が詰まって使えなくなることがあるんです。大事にしている万年筆が使えなくなったらショックですよね。その点、ガラスペンなら私の集めたインクをすべて受け止めてくれるので、手放せない存在となっているんです。

私はコレクションすることも好きですけど、それと同じように使いたいという気持ちも強いので、万年筆のインク沼にハマっている方々がガラスペン好きでもあると聞いて必然の流れだと思いました。

書き味は万年筆同様に、やわらかくて太いのが好きなんですが、プレゼントでいただいたガラスペンは細くてカリカリした書き心地で最初は慣れなかったものの、この細字で書いてみたいものもあるな、と気づきました。ガラスペンは1本1本書き味が違うので、それを楽しむのもいいですね。

インクコレクションの中には、ヨーロッパで購入したヴィンテージものも多数ある。

じゃばら式の文箱をガラスペン
専用に。竹軸のガラスペンはアン
ティークショップで購入。

How Nobuko Enjoys Glass Pen

①使う量をインクポットに移す。この作業をすると「書く」というスイッチが入るから不思議。

②ペン先のインクを含ませるため、インクから引き上げたら少し待つ。

③書く前にペン先を上に向けるとインクがまんべんなくペン先にいき渡る。

④ペン先をゆっくり回転させながら書くと、長く書き続けられる。

⑤インクがなくなりそうになったら、再びインクにペン先を浸してインクを含ませる。

⑥吸い取り紙のついたブロッターを使うことで、書いたインクが手につくのを防いでくれる。

⑦ペン先のインクの出具合を見ながら書くので、集中力も高まる。

万年筆よりも楽しめる
インクの濃淡が魅力的

ガラスペンは想像以上に長く文字を書けますが、それでも手紙を書いていると何度かインク足すことがあります。

このため、書き上げた手紙を見ると、インクの濃淡をかなり感じることができます。インクを足したところが濃く出ているのが、万年筆にはない味わい。

この特性を生かして、インクがなくなったところで違う色のインクを使うのもおもしろいですね。ペン先を軽く洗うだけで、違う色のインクが使えるのもガラスペンならではです。

ヨーロッパのアンティークショップや。蚤の市などで集めたブロッターの数々。

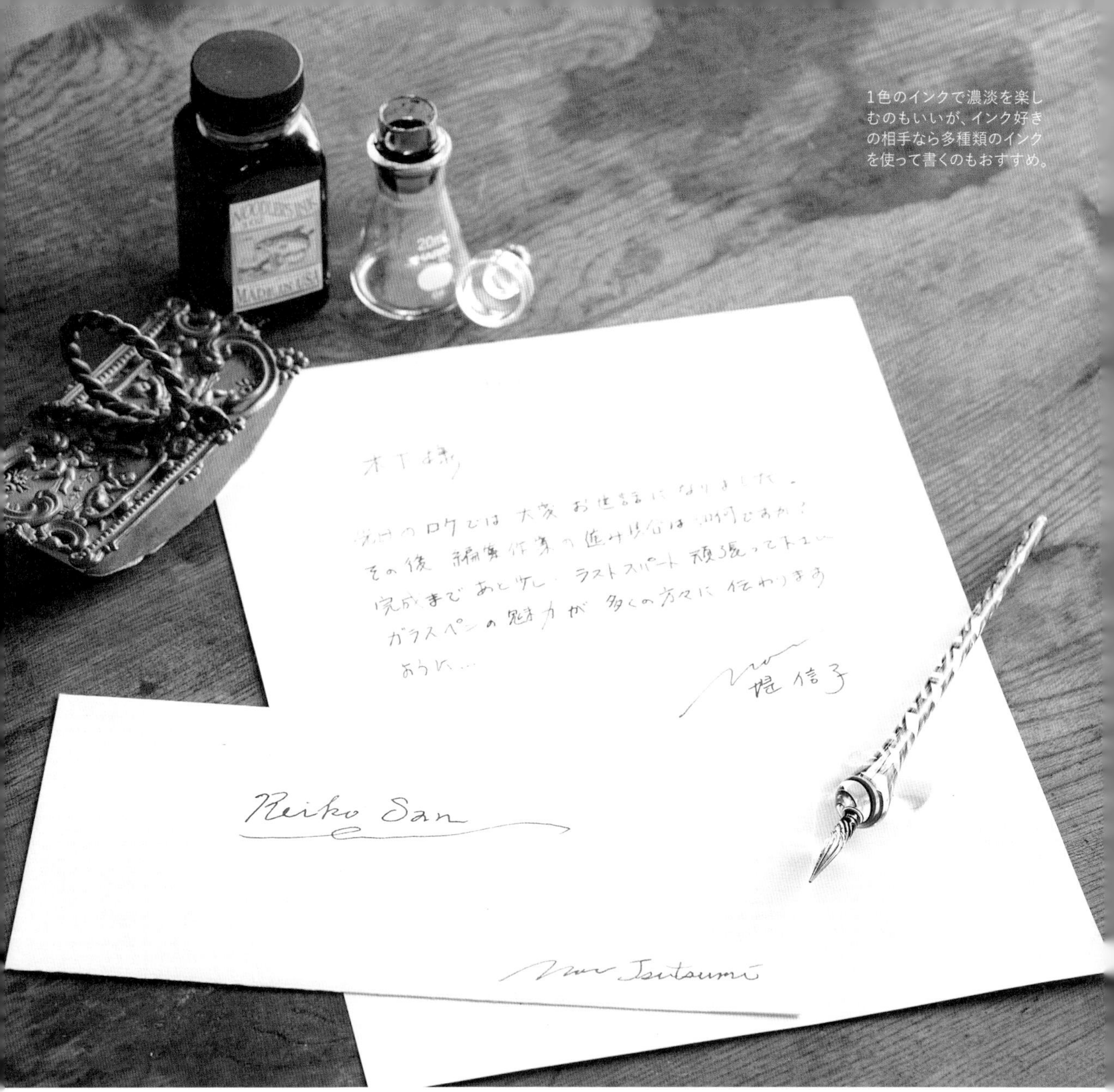

1色のインクで濃淡を楽しむのもいいが、インク好きの相手なら多種類のインクを使って書くのもおすすめ。

お日様の光を浴びた ガラスペンの究極美

ガラスペンで書くときは、朝か昼の陽のあるうちに書くようにしています。それは、ガラスペンが陽の光を浴びると、ガラスが光に反射して、本当にきれいなんですよね。書くテンションが高まります。

先日、友人に手紙を書こうとカフェにインクとガラスペンを持っていったんです。テラス席で書いたら、書いた文字にガラスペンのキラキラが映ってなんて素敵な時間だろうと思いました。

ガラスペンは何気なく走り書きできる筆記具ではないので、使うことで書くことをより意識する時間になるのではないでしょうか。それだけでなく、ガラスペンで書くと出てくる言葉が豊かになったり、表現が洗練されたり、言葉に対する意識も高まる気がしています。おうち時間が多くなっているので、ガラスペンで書く時間を作るのはおすすめです。

GLASS PEN LOVER #03 Makiko Fukushima

ガラスペンの魅力に惹かれて 私だけの1本をプロデュース

文具プランナー

福島槙子

文具プランナー。Webマガジン「毎日、文房具。」副編集長。著書に『文房具の整理術』（玄光社）などがある。猫好きで知られ、猫デザインのガラスペンもプロデュース。

使うインクで表情を変える ガラスペンの魅力

ガラスペンに初めて触れたのは、それほど昔ではなく、4、5年前。ナガサワ文具センターで試筆させてもらって購入しました。舶来の1本だったのですが、インクが手軽に楽しめるというワクワクとその美しさですぐに好きになりました。書き味は少し硬めで、今までにあまり感じたことのない、ガラスならではの「サリサリ感」というような爽やかな感覚。今思えば、お店でしっかり試筆して買えたのは、幸運なことだったんだと思います。

特にガラスペンの場合は、見ているだけだと使い心地を想像しにくいと思います。触ってみた冷たさや硬さ、インクが少しずつ流れ出ていく感覚など、私にとっても他の筆記具との違いに驚くポイントがたくさんありました。使ってみた感想としては、道具はよく良し悪しで語られますが、ガラスペンには「良し」しかないというのが正直なところです。特にさまざまなインクを気軽に試せるところは、他のペンにはない特徴で、インクがペン先についたところを眺めるだけでも楽しい気持ちになります。

このカラフルに楽しめる部分を生かして、お祝いの際のカードやメッセージの文字に使ったり、インク見本を作るのによく使っています。お気に入りは、ガラススタジオハンドのリフレクションガラスペン、ヤーチンスタイルのコンバータ付きガラスペン、そしてヴェリディダスのキャップ付きガラスペンです。

とにかく美しすぎるリフレクションガラスペンは光が差し込む机で書くと煌めきがすごくて、書くこと自体を楽しめます。ヤーチン、ヴェリディダスのガラスペンは、蓋がついていて持ち歩きがしやすいのが嬉しいポイントです。

ガラスペンは眺めるだけではなく、積極的に使うとより魅力を感じることができるのでおすすめしたい。

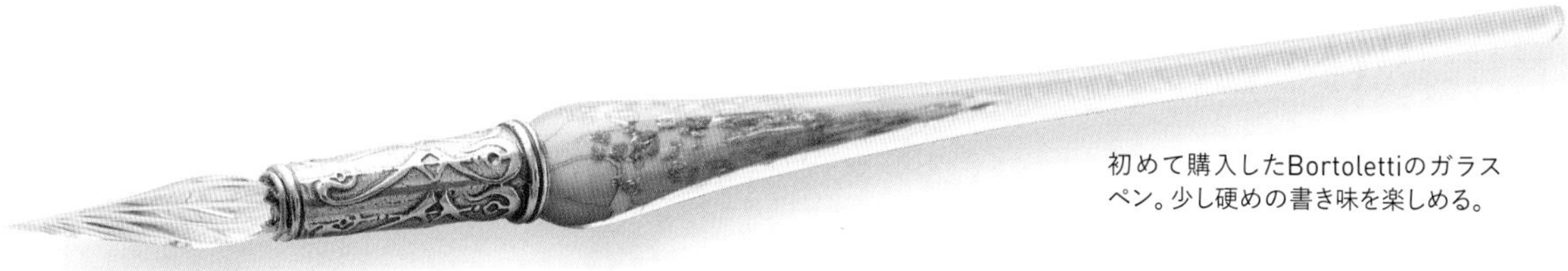

初めて購入したBortolettiのガラスペン。少し硬めの書き味を楽しめる。

無地のカードに、好きな色のインクで書くだけで特別感が表現できる。

スタンプを押して、その上にメッセージを書き、オリジナルのふせんを作るのも楽しい。

ペン先をさっと洗えば、他のインクをすぐ使えるので、インク見本帳づくりにはぴったり。

How Makiko Enjoys Glass Pen

START

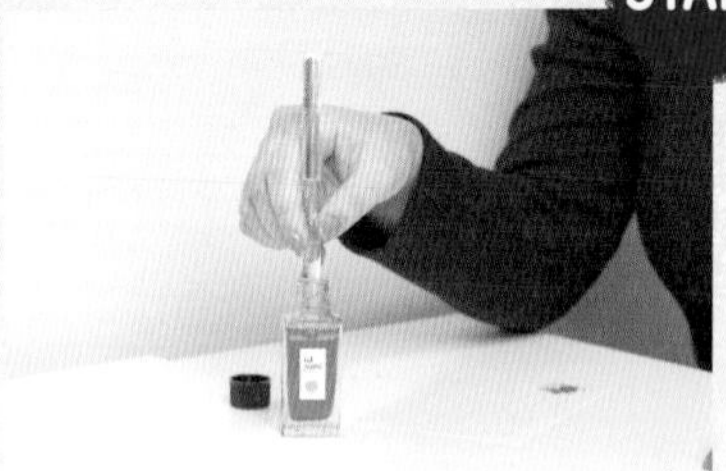

インクをつける。あまり奥に入れすぎず、インクが吸い上がっていくのを楽しむ。

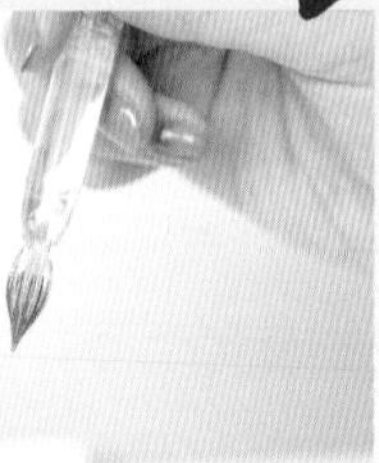

インクがついたペン先を鑑賞するのはお気に入りの楽しみ方。

文字になると濃淡が出て、変化のある色を見ることができる。

はがき1枚ほどは1回で書けるが、インクをつけるのが楽しくて何度もつけてしまう。

完成！

見ても書いても楽しめるガラスペンは、「良し」しかないツール。

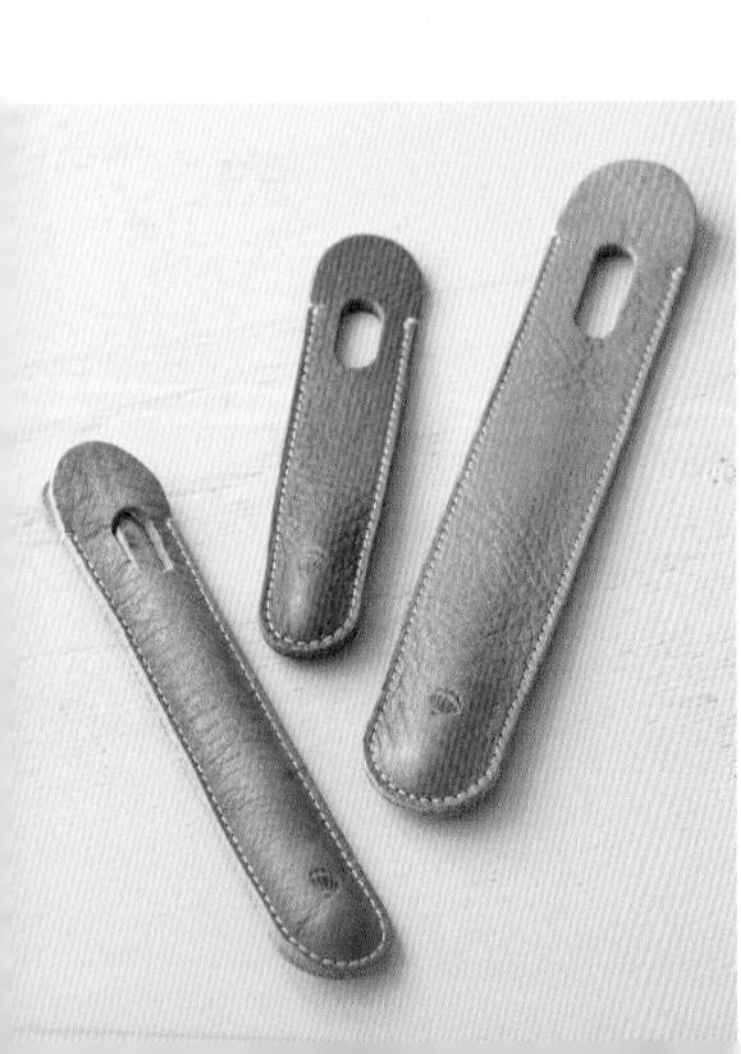

ペン先を守りながら1本ずつ持ち運べるペンケースもおすすめしたい。

好きすぎてガラスペンそのものをプロデュース

ガラスペンの虜《とりこ》になって数年、ありがたいことにガラスペン制作体験もされている「ぐり工房」さんとの出会いがあり、プロデュースさせてもらえることになりました。猫好きの私のため、当然猫モチーフのものが完成しました。こだわったのは、全体のシンプルな構造。猫好きの誰から見ても自分の猫を投影できるようなシルエットになるようにデザインしました。機能面では、しっぽがポイントになっています。転がり防止となり、回しながら書いていると尻尾が指に絡んで、まるで猫と遊びながら書いているような感覚になれるんです。

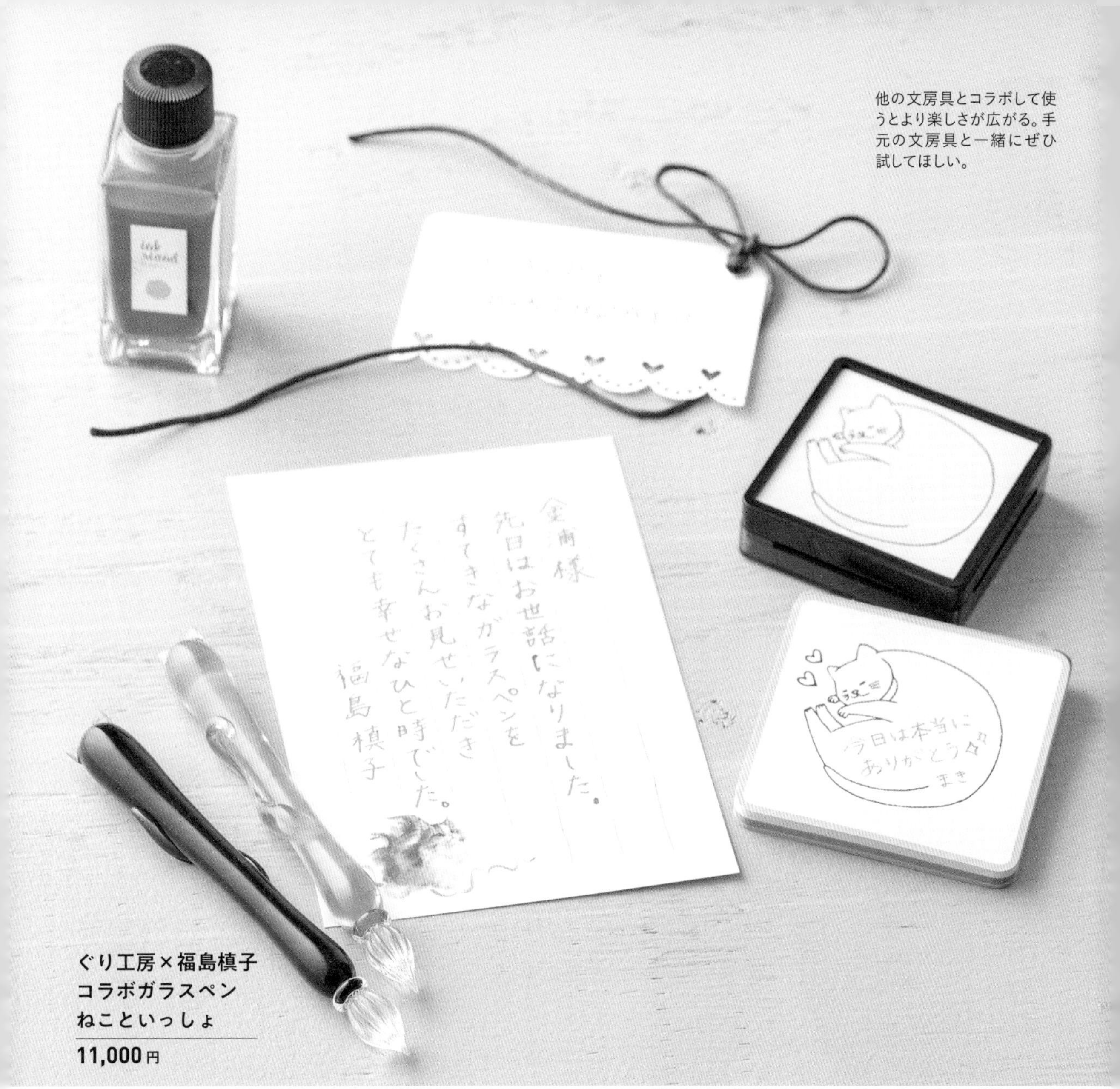

他の文房具とコラボして使うとより楽しさが広がる。手元の文房具と一緒にぜひ試してほしい。

ぐり工房×福島槙子
コラボガラスペン
ねこといっしょ
11,000円

いつでも使える安心感は ガラスペンならでは

使っていて最も気に入っているポイントは、ガラスペンの気軽さです。たとえば、万年筆を使っていて使わない時期が続いてしまうと、ペン先が固まってインクが出なくなってしまう、といったことはないでしょうか。ガラスペンの場合は、その都度インクをつけて書くので、インクさえあれば、いざ使おうとすると書けない、ということがないんです。いつでも書き出すことができるので、より何かを書くということに積極的になれるアイテムだと思います。

今では、インクはたくさんの種類が発売されています。ぜひ自分の好きな色を使ってメッセージを書いて送ったり、相手の好きな色をイメージして書いてみたりと、色インクの世界を楽しんでみてください。気持ちのやりとりのための表現の幅が広がり、よりしっかりと思いを伝えることができると思います。

GLASS PEN LOVER #04 mart

色を変えながらスムーズに描ける 繊細なタッチも思うままに

万年筆ラクガキ画家
mart
会社員の傍ら、趣味が高じて万年筆のペン先やクリップなどのメッキ補修や染め替え、バイカラー化を行っている。

多色を使う「ラクガキ」のフルカラー化が実現

字が下手な自分は、せっかく万年筆を使っているのに字を書くことではリフレッシュできず、モヤモヤが溜まるばかり。そこで思いついたのが絵を描くことでした。現在は、サトウヒロシ先生が命名された「万年筆ラクガキ」というジャンルで活動しています。当初はモノトーンで描いていたラクガキも、ガラスペンとの出合いでフルカラー化しました。

ガラスペンは色の変更が容易にできるのが推しポイント。万年筆のコミュニティで知り合った仲間とオフ会でインクを交換（タミヤ瓶に小分けして交換することを「タミヤ」と呼んでいます。）するので、手元にたくさんのインクがあるんです。ガラスペンなら手間なくインク交換ができるので、多色を使用するラクガキもスムーズに進みます。

基本的に、細いペンは手が疲れてしまうので苦手です。ガラスペンを選ぶときも太さにこだわって探しましたが、なかなかぴったりの物に出合えませんでした。そこで、ないなら作ってしまおうと考えたわけです。

まず、ローズウッドの端材を買ってきて旋盤で加工しました。そこにスタジオ嘉硝の交換用ペン先（細字）をセットしてオリジナルガラスペンの完成です。握らなくても自然と手にフィットする感触。我ながらよい出来になったかと思います。書き味は少しシャリシャリする感じで、太さは国産万年筆のF〜M程度に仕上がっています。

インクが好きすぎて、eric＋martというユニットで古典インクを自作し販売するという活動もしています。インクにはひとつひとつに作った人のコンセプトが込められていると思っているので、それを尊重し、絵を描くときは混色させずに使います。自分と発想の方向性が近いコンセプトのインクに出合うと嬉しくなります。

今後ほしいのは、HASE硝子工房の流氷ショートやhelicoのアンティークペン先付きのシュクルです。哲磋工房やTooSのリボンニブにも興味があります。

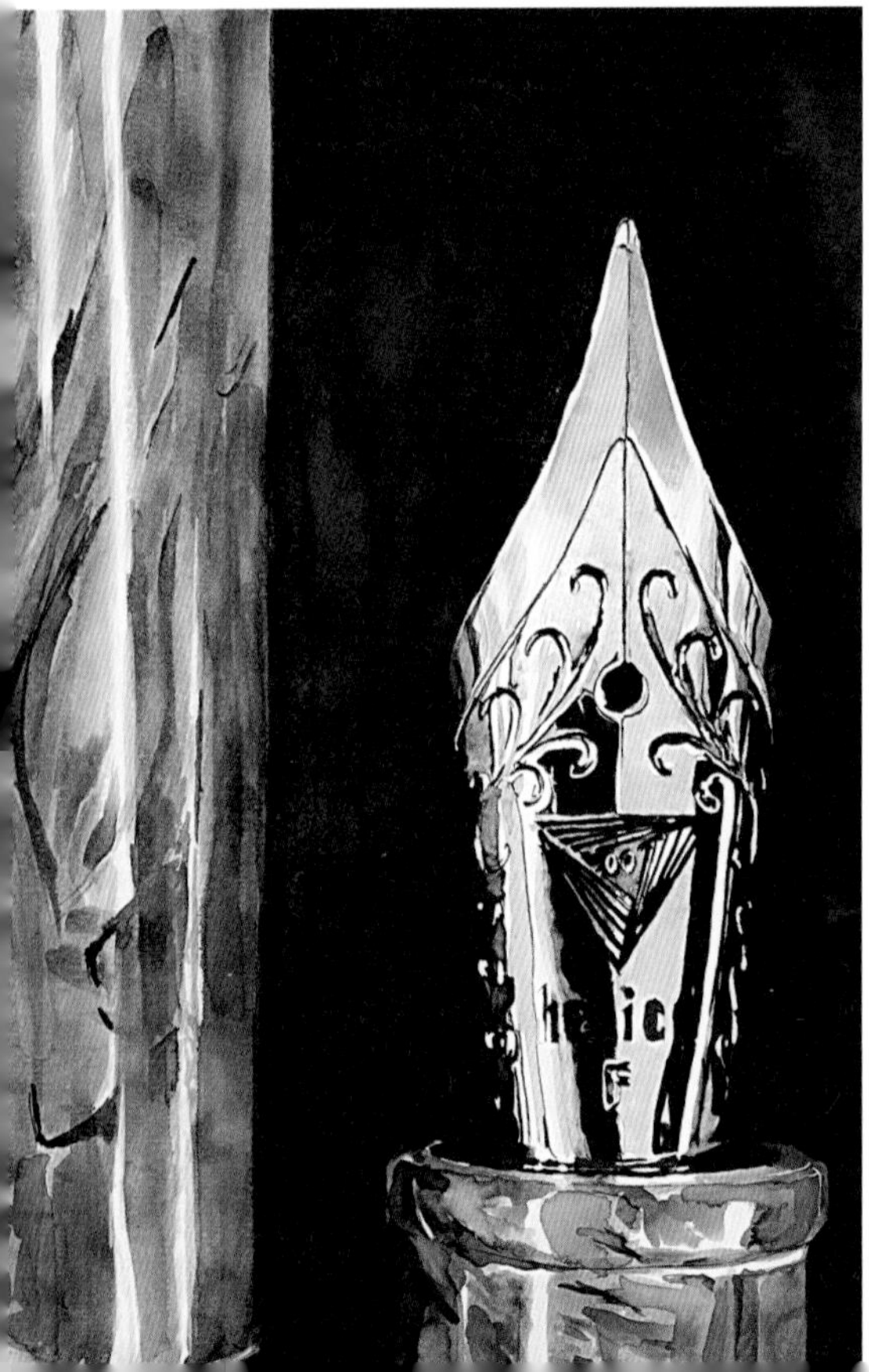

ニブ（ペン先）に対する愛情ウエイトが大きい。日ごろは万年筆のペン先の絵が多い。

インクを保持したガラスペン先の美しさに魅了された。ガラスペン特有の複雑な曲面が織りなす屈折が本作品のポイント。

いかに細い線を描けるかが1番のアピールポイント

イラストレーター
愁華
猫3匹と暮らす会社員、ときどきイラストのお仕事も。Deep AQuaの屋号で猫モチーフなどの紙もの文房具を制作している。

同じ「細字」でもものによって細さが違う

ガラスペンでイラストを描く場合は、どれくらい細い線が描けるかを気にしています。同じ「細字」でも、制作するガラスペン作家によって細さの度合いが違う点が面白いところです。原画を見る方には、このペンを使うとどのくらい細い線が描けるかの参考にしてもらえればいいな、と思っています。以前は単色で作画していましたが、ガラスペンは色の変更が容易にできるため、多色使いの作画も増えました。

ほかに、広範囲の塗りができるか、長時間使用しても疲れないかという2点も気になるポイントです。購入時にはもちろん、ガラスペンならではの軸の美しさにも注目して好みのものを選択しています。

ｈｅｌｉｃｏのシュクルガラスペンは細い線が描けることに加えて、キャップ付きで持ち運びに便利。買ったインクをすぐに試したり、屋外でスケッチしたりするときに重宝します。軸の太さも私にぴったりで、疲れにくいところがお気に入りです。他のメーカーのガラスペンと比べると、紙に対するペン先の当たりがほんの少し柔らかく感じます。

ＨＡＳＥ硝子工房のストライプ軸は寝かせて描きやすく、軽くて長時間使用しても疲れにくいところがポイントです。

同じくＨＡＳＥ硝子工房の辻風ショートは軸が太くて持ちやすく、太めのペン先で広範囲を塗るのに向いています。ペン先は若干硬めにも感じますが、描き心地は滑らかです。

ガラスペンに合わせるインクは少し粘度のあるものを選ぶようにしています。サラサラのものだとボタ落ちしやすいからです。また、多色使いにする場合は、洗浄しやすいインクを選ぶように心がけています。インクが乾き切る前に次のインクを乗せて、紙面上で混ぜるという技法を使うためです。

これから試してみたいと思っているのは、溝1本1本に違うインクを乗せて描くという方法。またガラス工房ａｕｎやガラス工房ＬＵＣなど、関東ではなかなかお目にかかれない地方を拠点にしたメーカーのガラスペンに興味があります。

ガラスペンで猫の細い毛をどこまで描き込めるか試してみた。

クリームソーダは普段からよく描くモチーフ。

HASE硝子工房のストライプ軸は寝かせて描きやすいのがポイント。細かい描き込みに使用する。辻風ショートは広範囲塗りにぴったり。

heliocoのシュクルガラスペンはキャップ付きで持ち運びに最適。バッグに忍ばせておけば、公園でスケッチしたいときにサッと取り出せる。

新しいガラスペンの使い心地を試すために描いた髑髏と花。1枚に、硬いものと柔らかいものを合わせて描いてみた。

GLASS PEN LOVER #06 YUMIKO MORI

アルファベットだけでなく日本語との相性がいい

カリグラフィー講師
森 由美子
リタ フラワー＆カリグラフィー教室主宰。レッスンは対面だけでなくオンラインでも精力的に行っている。

ガラスペンで季節感を楽しむ作品作り

私は、カリグラフィーとフラワーアレンジメントの教室を主宰しています。

カリグラフィー（Ｃａｌｌｉｇｒａｐｈｙ）とは、ギリシャ語で「美しい書きもの」という意味です。西洋で発達したアルファベットの手書き文化は、活字印刷の普及とともに薄れていきましたが、デジタル化された現代においてアートとして再び脚光を浴びています。

ブルーのガラスペンは、10年以上前に文具好きの友人から贈られたものです。通常カリグラフィーでは専用のペンを使いますが、ガラスペンはアルファベットだけでなく日本語も書きやすいので使い始めました。

多言語のアルファベットに日本語をプラスすることで、レッスン内容のバリエーションが増えたのは嬉しい発見です。例えば、暑中見舞いや贈り物の熨斗など、日本ならではの季節感を楽しむ作品などにガラスペンでチャレンジしました。

カリグラフィーを学ぶことで、文字を美しく書くコツを知ることができます。いつものご挨拶もおしゃれに仕上がり、格段にセンスアップしますので、教室の生徒さんに喜ばれました。そして贈られる人へも、温かい手書きは特別感が増し、気持ちを伝えるのに効果的。生徒さんたちにもガラスペンを日常的に使って楽しんでいただきたいです。

ガラスペンを使って、いままでに挑戦したことのないテーマで作品を作っていきたい。

インテリアとして飾っておくだけでもおしゃれなガラスペン。見た目が涼しげなので、個人的には夏に使用するのが好きです。ペン先でインクの色が透ける様が何とも美しく、気分が上がります。インクの持ちもよく、長い文章でもスムーズに書き進められます。簡単にインクの色を変えられるので途中で文字色を変えたりイラストを添えたりしてアートな作品を完成させることが可能です。

イタリアの豪奢《ごうしゃ》なガラスペンも持っていますが、こちらのシンプルなガラスペンの使い心地がお気に入り。すっきりとしたデザインで、重さやサイズ感が私の手にフィットします。

仕事柄インクはたくさんの種類を使用します。生徒さんに多くの色を試してもらいオリジナリティを追求してほしいと思っています。屋号の「リタ（Ｒｉｔａ）」とはスウェーデン語で「描く」という意味。カリグラフィーで自分らしさを思う存分表現してもらえるよう、これからもガラスペンを使って新しいテーマに取り組んでいきたいと思っています。

コクトーの詩をカリグラフィーで表現して暑中見舞いハガキに。タイトルは「西洋文字と海の波」。印象に残る大人な挨拶状だ。

10年以上前に友人からプレゼントされたガラスペン。スッキリとしたデザインとブルーの色がお気に入り。重さ・サイズ感もしっくりくる。

GLASS PEN LOVER #07 KEI SADAOKA

細い線が思い通りに書けてレタリングに最適

ハンドレタリングアーティスト

定岡 恵

レタリング作品制作の他、Class101でオンライン講座「ハンドレタリングと水彩で作る素敵なカード」を実施している。instagram：@kaysaratatsu。

滲みなく細い線を書くのは繊細さが要求される

私はハンドレタリングアーティストとして活動しています。ハンドレタリングをする対象は、季節感のある言葉、誕生日や母の日など特別な日に贈りたい言葉、読んだ人が元気になるようなフレーズなど、さまざまです。メッセージカード風にアレンジしたり、ウェルカムボードのように仕上げたりしたものをインスタグラムに投稿しています。ハンドレタリングを思い通りに完成させるためには、滲まずに細い線が書けるペンが必需品です。最初にガラスペンに出合ったときには、繊細なレタリングを書くのにぴったりなのでは、と思って購入しました。

HASE硝子工房のガラスペン辻風は、ペン先が非常になめらかで、紙との摩擦が少ないためストレスフリーで書き進められます。またインクの保持力が高く、1回インクをつけただけで長時間書き続けられるのも魅力のひとつです。

ブランドへのこだわりは特にありませんが書き心地を重視するため、購入時には必ず試し書きをして、自分の感覚にしっくりきたものを買うようにしています。

ハンドレタリングは文字だけでなく、書く内容に関連したイラストも添えてひとつの作品として作りあげることが多いため、インクを選ぶときには発色の鮮やかさを重視しています。インクのよさが生きるのも、ガラスペン独特のタッチと使い勝手のおかげだと感じています。ガラスペンを使用することで、自分の作品の世界観がより一層広がったと思います。

例えば、ぱっと見たとき1色に見えるレタリングも、最初に淡い色で塗ったインクが乾く前に同系色の濃いインクをところどころに落としてグラデーションを作るという手法を使うことがあります。これにより、文字に奥行きが出て作品全体の仕上がりがぐんとよくなるのです。ガラスペンはペン先を軽く水洗いするだけで何色もインクを使い分けることができるので、この手法を使うのに適しています。

現在よく使っているガラスペンはペン先が非常に細いものですが、もう少し太く書けるガラスペンにも興味があります。太いペン先だとインクの濃淡がより現れやすく、表現の幅が広がるでしょうし、新しい文房具を加えることで新たな世界が広がったという経験はこれまでにも多くあります。いろいろな太さのペンを取り入れることで、作風にも何かしら＋αになると期待しています。

また、ＳｈｏｋｏＹａｍａｚａｋｉのガラスペンはデザインがとても繊細で美しく、いつか手に入れたいと思っているもののひとつです。

文字の濃淡を活かした奥行きのあるハンドレタリング作品。

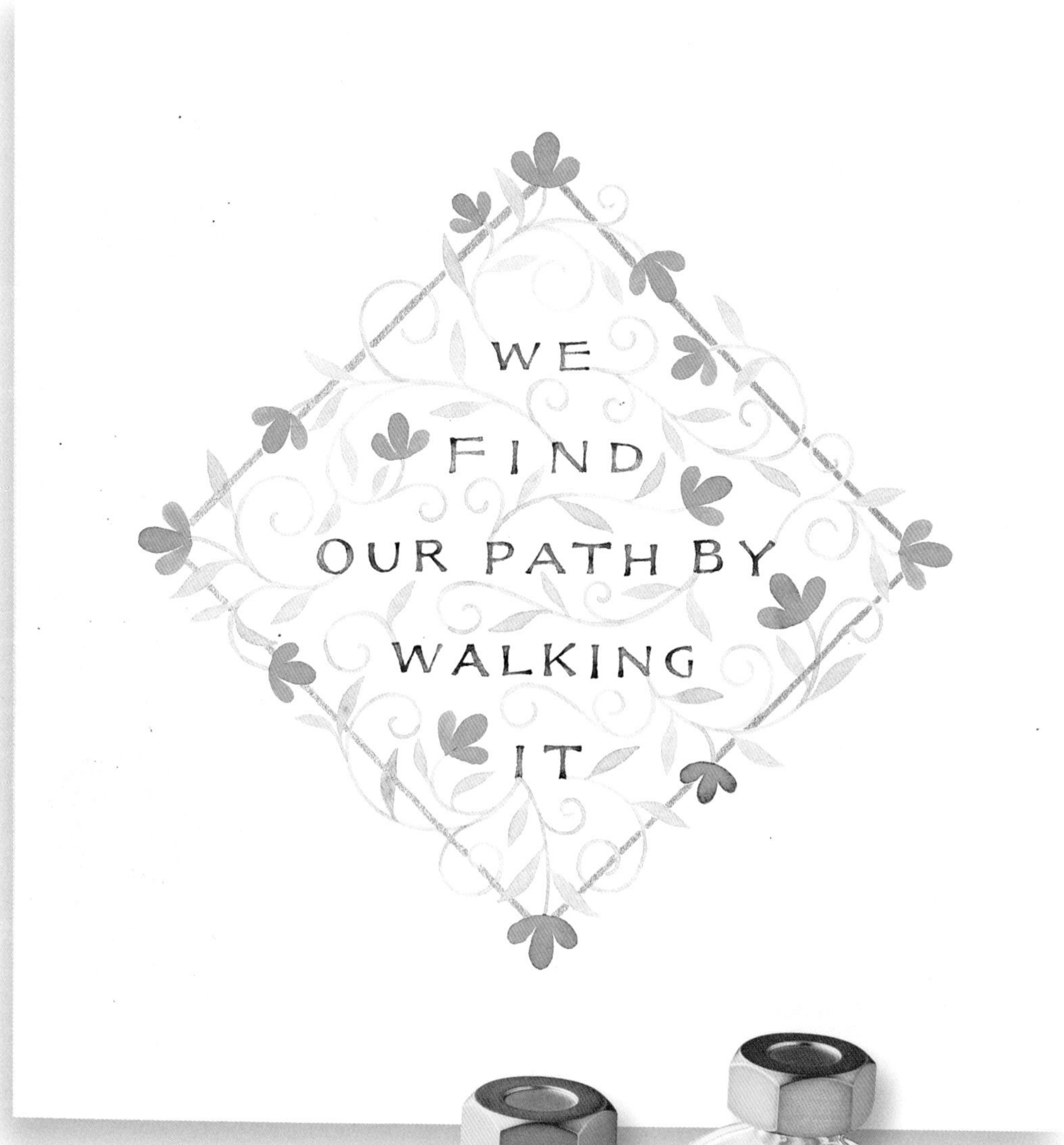
WE
FIND
OUR PATH BY
WALKING
IT

一見すると1色しか使っていないように見えるレタリング部分だが、2色使いのグラデーションで文字に奥行きを出している。

HASE硝子工房のガラスペン「池風」とFerris Wheel Press Stationeryのインク瓶。どちらも優雅で上品なたたずまいだ。

GLASS PEN LOVER #08 Littlelu

どんなインクでも使える柔軟さが嬉しい

万年筆との相性がよくないインクはガラスペンで

ガラスペンは、基本的にどんなインクでも使えるのが嬉しいポイントです。私の愛用の万年筆は、好きなインクシリーズ「京の音」と相性があまりよくなくて残念に思っていました。ガラスペンを購入してからは、そういうインクの出番が増えたのでありがたいです。また、万年筆に入れられないラメインクを使いたいときにもガラスペンが活躍します。

ステーキと鉄板のディテールを表現したくてkemmy's labのペタル（細軸）を選択。筆圧に左右されずに細い線が描ける。

kemmy's labo のペタル（細軸）は初めて購入したガラスペンです。2000円台というリーズナブルな価格帯にもかかわらず、使いやすいので驚きました。たくさん持っているカラーインクを使うときに、いちいち万年筆を洗浄するのがめんどうだと感じていたので、ガラスペンかつけペンを試してみようと思ったのが購入のきっかけです。万年筆のEFより細い線が描けるので、細かい表現をしたいときに活躍します。筆圧に左右されず、コントロールしやすいガラスペンです。インクを鑑賞したいときには、ペン先につけて楽しむこともあります。

werkstatt tetohi の mit はあまり見かけないミニサイズがかわいらしく、しかも限定色というところに惹かれて購入しました。小さくて扱いやすいので、ひとつのイラストでさまざまな色を使いたいときにぴったり。カラーインクの色見本を制作するときにも活躍します。気軽に遊び感覚で使えるガラスペンです。

werkstatt tetohi の Heide は外観がとにかく美しいので1番好きなガラスペンでもあり、特別感を味わいたいときに使っています。重量感が私にちょうどよく、握るときの心地よさも格別です。このお気に入りのガラスペンを手に取ると、自然と気合が入ります。万年筆でいうとFくらいの字幅が使いやすく、デイリー使いでも活躍。光の下で見るHeideはこの上なく美しいので、天気がいい日に使いたくなります。

今、気になっているのはガラス工房aunのガラスペン。軸のバリエーションが豊富でどれも美しいので、見ているだけでも気分が上がります。また、いつか大好きなwerkstatt tetohiでオリジナルのガラスペンをオーダーするのが夢です。

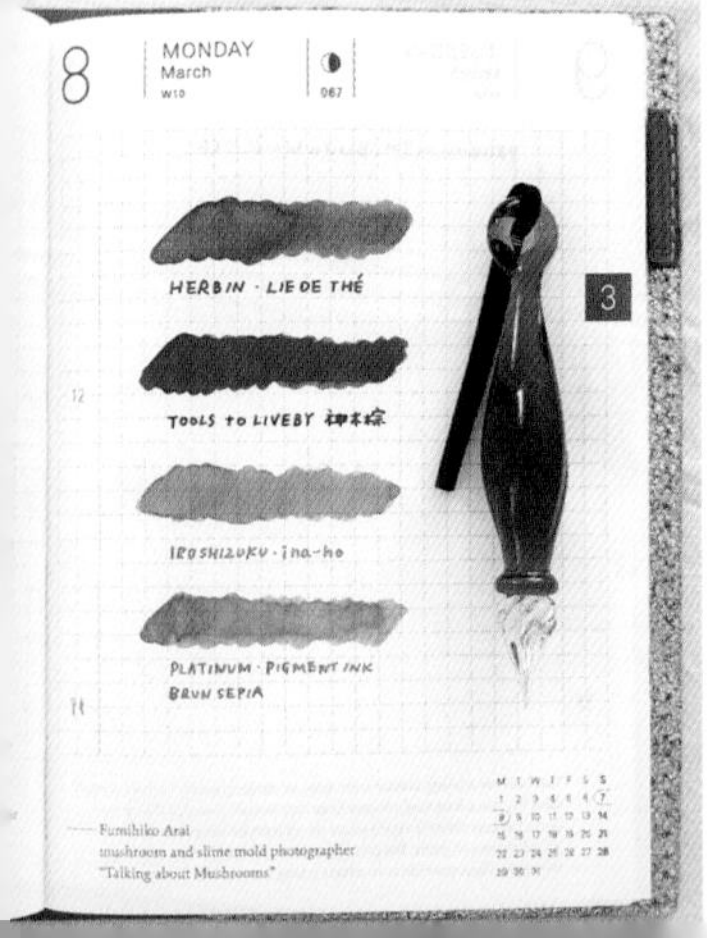

werkstatt tetohiのmitは頻繁に色を変えたいときや、色見本の制作によく使う。

イラストレーター

Littlelu

イラストレーター、グラフィックデザイナー。SNSで発信するのは主にスイーツのイラスト。オリジナルグッズの販売も行っている。

「京の音」の苔色インクを使うためにwerkstatt tetohiのHeideを選択。旅の記録をかわいく書きたくて気合を入れた。

kemmy's labのペタル（細軸）は全体がシンプルでクリアなのでインクが映える。werkstatt tetohiのmitはクレヨンくらいのサイズ。

過去・現在・未来

ガラスペンを語ろう

高橋由美子
文具店にてコンシェルジュを経験。筆記具を中心とした販売に携わる中でガラスペンと出会い魅了される。現在は都内百貨店ステーショナリーコーナーに勤務。

澤柳大樹
文具メーカー勤務時、ガラスペンに魅力を感じ、全国のガラス作家さんを調べていく中で多数の作家さんと出会う。その後、都内の文具店にて販売員として勤務。現在は趣味でガラスペンを楽しみつつ、医療業界にて勤務。

人とのつながりで広がる ガラスペンの美しい世界

武田：（以下、**武**）まず、ガラスペンとの出合いからうかがってもよろしいでしょうか。

高橋：（以下、**高**）ずっと文房具の販売をしていましたが、6年ほど前に売り場でガラスペンを取り扱う機会があって、それがガラスペンとの最初の出合いですね。

武：ガラスペンの世界にどっぷりとハマっている感じがするのですが、どういうところが魅力だと感じていますか？

高：外国製のガラスペンと日本のガラスペンはちょっと違うと思っているんですが、日本のガラス作家さんが作るガラスペンについてまずお話すると、作家さんの手作りで作られたガラスペンは、本当にキレイで芸術的なものが多くて、見ているだけでもテンションがあがるんですよ。筆記具としてみても、万年筆より手軽にインクを楽しめるというところが本当に魅力的です。

武：外国と日本のガラスペンの違いは、どのようなところがあるのでしょうか。

高：一概にはいえませんけど、外国製はインクの上りが悪かったり、ボタ落ちすることがありますよね。溝の入り方とか色々な要因があるらしいのですが、日本の作家さんの作るペンは、どれも繊細な職人技が生きていて、そういったことはあまりないんですよね。そこが日本のガラスペンが多くの人に愛される理由じゃないかと思います。

武：ガラスペンは日本からスタートしたといわれているので、気になって調べてみたんですよ。

高：竹軸ガラスペンですね。

武：そう、竹軸。佐々木さんという方が作ったといわれているみたいですね。ただ、イタリアのベネチアングラスというイメージがあったので、どうなんだろう？　と思っています。向

日本発祥のガラスペン。今、インクブームも手伝い、多くの精巧な逸品が作られている。

こうは、羽ペンが多いですよね。ガラスペンというよりは、羽ペンみたいな、付けペンがメインな感じ。そこから万年筆にいき、万年筆からボールペンという流れとなっているような気がします。なので、あまりガラスペンにはいかなかったのかなと。

澤柳：（以下、**澤**）一般的には、日本が発祥となっています。風鈴職人さんから、ガラスペンが作られたという説が多いようです。

武：風鈴職人さんが作られたんですね！　でも、今は海外から輸入しているメーカーさんもいますよね。ガラスは海外のイメージがあるというか。ただ今は割合的には日本の作家さんの方が多いですよね。

澤：海外よりも、日本のガラスペンを作る作家さんが多くなってきているかなと思います。

武：ここ数年で一気に増えた感じですか？

高：そうですね。2〜3年くらい前からすごく増えてますよね。その頃から、万年筆のインクの種類が豊富になって、ガラスペンの楽しみ方が広がってきたからだと思いますね。

1本で十分なガラスペンをたくさん集めたくなる理由

武：ガラスペンなんて、1本あればいいわけじゃないですか。1本あればそれで書く色は変えられるのに、なんでもっとほしくなるの？って。それを僕は、自問自答しちゃいます。

好きなインクと好きなガラスペンを合わせれば、使う喜びは掛け算になる。

高：私もお客様には、「最初は太字と細字のペン先のものが1本ずつあれば十分ですよ」とアドバイスしていますが、やっぱりインク見本用に面塗りができるストレート形もほしいなとか、どんどんほしくなるんですよね。

武：おそらく、ひとつには価格もあると思います。万年筆をそろえるより、比較的安く手に入る。あとは、1点物という部分に惹かれるのかもしれません。それぞれ作家さんによって、微妙に違いますから。自分だけの1本という感じ。あと、インクをたくさん集める人は色が好きだから、ガラスペンもいろんな色を集めたくなるんだと思います。コレクション魂ですね。インクとコーディネートして、この色だったらこのガラスペンのような感じで。それで、写真撮ってみんなで分かち合うみたいな。色が好きな方がもともとインク好きなわけですから、ガラスペンの楽しみ方とマッチするんです。ガラスペンって色の宝庫ですもんね。ちなみに、どのようなものを中心に集められているのでしょうか？

高：職業柄、ひと通り集めてるんですが、やっぱり日本の作家さんのガラスペンが一番多いですね。

武：同じ作家さんで集めることはしないんですか？

高：これからですね。長年やっている方から、最近ガラスペンを作られている方まで平均的に保有できたので、あとは自分の好みを追求していこうかと思ってます。

武：作家さんとしては、何人くらいいるんですか？

高：どんどん増えてきています。大体、30人くらいの作家さんが活躍されてるのではないでしょうか。

武：難しいですよね。普段から意識していても知らない作家さんに出会いますから。

高：まだまだ、知らない方がいっぱいいると思います。

武：作家さんの情報を得る方法が難しいですよね。積極的に情報発信している人と、発信してない人がいるから。最近はイベントも難しくなっているので、なかなか出会えないですよね。普段、情報はどうやって得ているんですか？

澤：僕の場合は、やはりネットです。もともと文房具業界の営業にいたときに、舶来のものを中心に扱っていたんです。東京オリンピックもある中で、日本のものでアピールできる文房具がないんじゃないかと感じていました。そのときに、自分はガラスペンに出合ったんです。上は北海道から下は沖縄まで、調べまくったんですよ。まだまだ未熟だったときなので、北海道の作家さんでいいなと思った方にサンプルを送ってもらったんです。書いてみたらちゃんと書けたので、お店に紹介しに行きました。でも、やっぱりそのときの小売店さんの反応が「え？ガラスペン？」みたいな感じだったんです。小売店さんですらそうなので、エンドユーザーさんまで届くにはまだまだ時間がかかるなと思いました。小売店さんに書いてみてくださいと頼んで書いてみてもらったら、「すごく書きやすい」っていってもらったのがガラスペンの最初の入りだったんです。それでも、あとから納品で送ってもらったものが書きにくかったりして、結局その作家さんとはご縁がなくなってしまいました。自分が気を付けているのは、サンプルを送ってもらうのもそうなんですが、自分から作家さんのところへ行って「取り扱いたい」という話をするときに、作家さんも職人さんなのでメールとか電話だけのやり取りだけじゃないようにしています。直接会って話ができる人の方が、すごく信頼してもらえてる感じがしています。

武：メーカーさんというより、おひとりおひとりの職人さんというか、アーティストですよね。

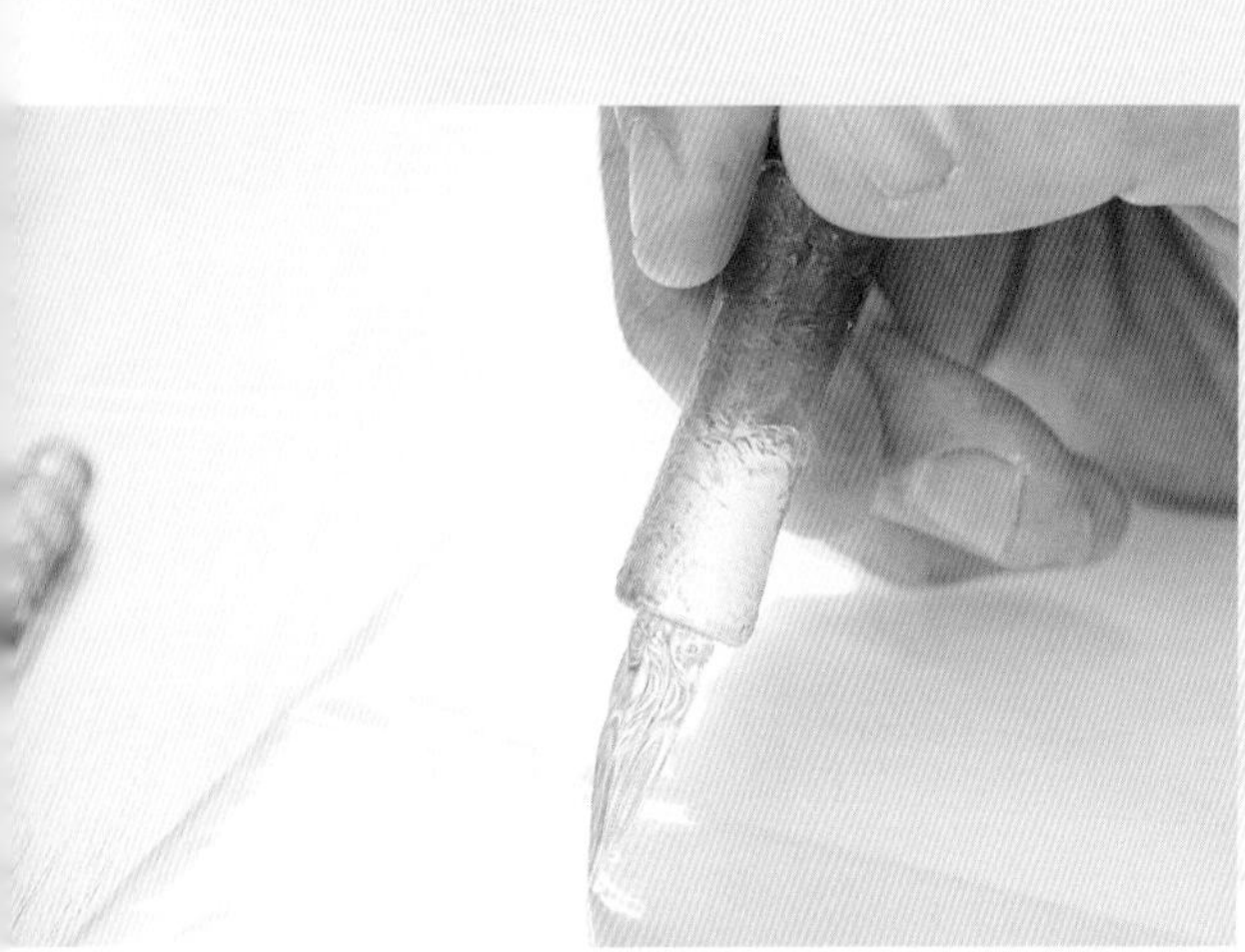

特に最初の1本は、試筆できるお店に行って自分に合うものを選ぶのがおすすめ。

ガラスペンを選ぶとき気を付けているポイント

澤：デザインフェスタとかに行くと、ガラス作家さんがガラスペンを出していたりするんです。でも、やっぱりペン先が異常に長かったり、ガラスペンとして置いているのに、試筆ができなかったりすることがあります。買って帰って、書けなかったらっていうところもありますよね。なので、実用を考えると、ペン先の調整までやってくれている作家さんを見極めないと難しいのかなと思っています。

武：巻頭の取材でHASE硝子工房さんのお店に行って、買う前にペン先を調整してもらって好きな書き味に寄せてもらうというのをやっていただきましたけど、それが普通ではないということですよね？

高：今でこそ、各作家さんが工房をお持ちになっていて、工房兼ショップというのをやられている方が多いので、その場で研いでいただくことが可能になってきています。やっぱり、お店で買う場合は、書き味がもうちょっと……となったときに、その場での対応は難しいですね。

武：今は試筆しながら、その場で調整してもらったりするものがだんだんと増えてきています。そこでつながりができるので、壊れたときにそこに送り返せばいいと思えるのがメリットではないでしょうか。お互いに顔を見ているから、安心感が生まれますよね。そうすると愛着もわくし。壊れても大丈夫という安心感で、また使いたくなる。だから、ベストは作家さんから直接買うこと。2番目がガラスペンを取り扱っている店舗で、できればベテランの販売員さん、詳しい販売員さんがいるところがいいですね。物作りの「買い手」と「作り手」のつながり方の原点だと思います。今まで慣れてしまっていた店頭をばーっと見て楽しそうに適当に買って帰るということではなく、「もともとは、こうだったよね」と関係性を思い出させてくれるアイテムだと感じます。

高：そういうところも、たぶん

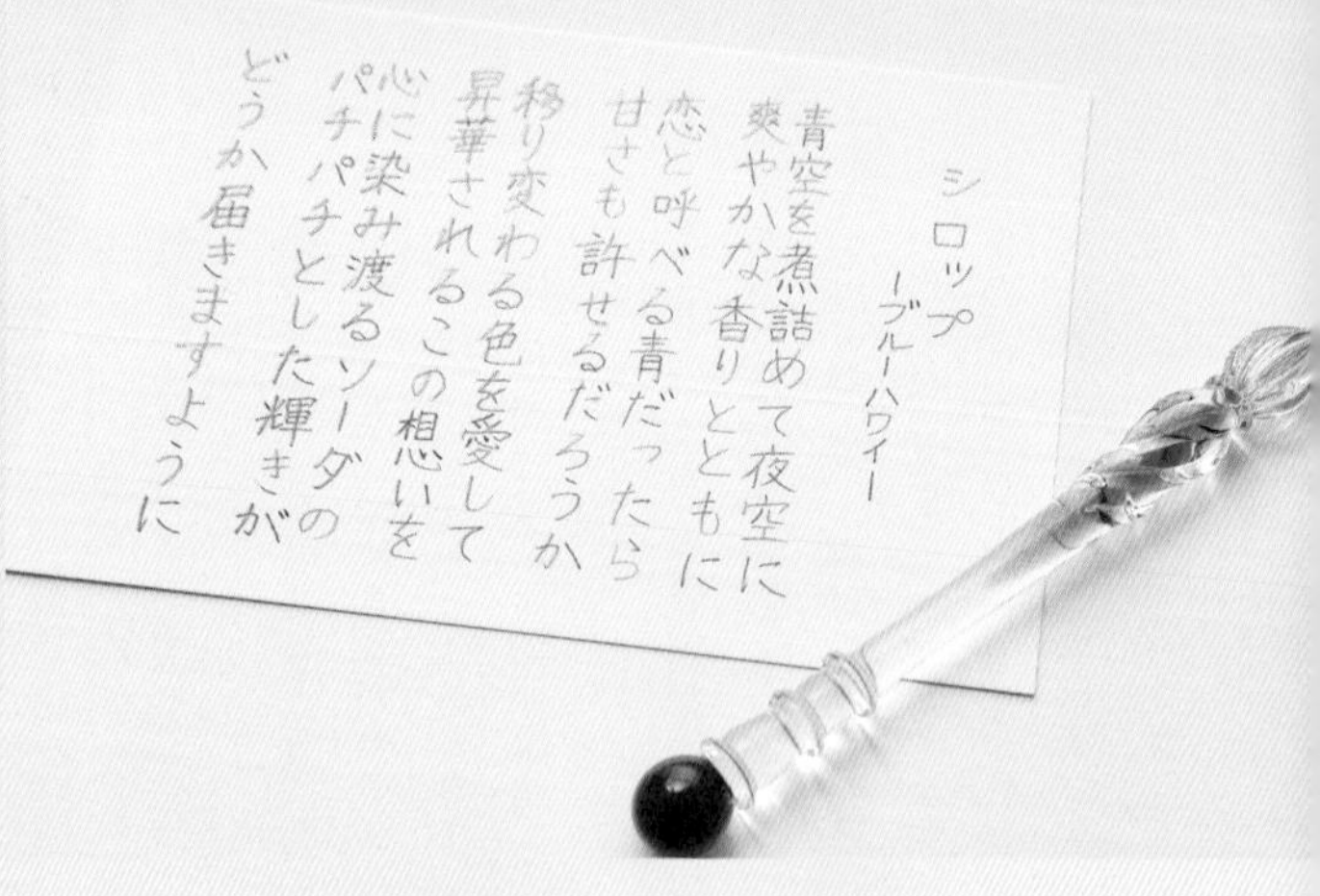
シロップ
ーブルーハワイー
青空を煮詰めて夜空に
爽やかな香りとともに
恋と呼べる青だったら
甘さも許せるだろうか
移り変わる色を愛して
昇華されるこの想いを
心に染み渡るソーダの
パチパチとした輝きが
どうか届きますように

澤柳さんの愛用のガラス工房LUC直川さんと、詩人の高菜汁粉さんのコラボで生まれたガラスペンと作品。ペンも文字も輝いて見える。

魅力なんだと思います。万年筆って、やっぱりそこまでできないと思っていて。作家さんと直にお話をしているから、購入する方も安心できるし、近しい感じがするんだと思います。

武：だから、販売員さんは大変ですよね。小売店の販売員さんも、お客さまにすすめるときにその作家さんのことを知らないといけない。幅広くガラスペンを伝えるためには、販売員さんの存在が大きくなっていると思う。この販売員さんからだったら安心して買えるとか、何でも質問して答えてもらえるとか。

ガラスペンの魅力は、その世界観や人とのつながり

武：今はコロナ禍で、お店に行くこと自体が昔に比べるとハードルが上がってると思うんですよね。だからこそ、せっかく行くんであれば、ちゃんと買いたいという気持ちが大きくなってるんじゃないでしょうか。作家さんや販売員さんと話して直接買うというのは、ある意味、今の時代にあったやり取りなのかもしれません。ちなみに、インクもそうなんですよ。ご当地インクなんかは、そこに行かないと買えないというものがあるので、そんなところもガラスペンとすごく合うんだと思います。その場所に行って、そのインクを買う。最近では通販でも買えるようになってきているけど、基本的にはその場所に行かないと、話を聞きながら買えないというもの。ガラスペンも同じなので、セットで思い出が増えていく感じになるのかなと思います。だからこそ、相性がよい。単なる物欲じゃないんです。買ったときの思い出とか、周りの世界観とか含めて楽しんでいく。そのうちのひとつに購入があるけれども、そこも含めての体験として世界を楽しむ。

高：そう、ストーリーが楽しいですよね。

武：澤柳さんはどういった形で集めていらっしゃるんですか？

澤：作家さんを探していた側だったのでその延長上でしたが、最近の出会いでいうと、大阪のガラス工房ＬＵＣさんの直川さんのガラスペンがすごく書き味がいいなと感じました。お若い作家さんなんですけど、本当に繊細に作っていて、ペン先の作りとか溝もすごいしっかりしています。インクをつけたあと、どの側から書いても安定して書けるというところがすごい魅力的です。

武：ガラスペンって、最初は正直書けるとすら思っていなかったんです。壺みたいなきれいなものと同じで、見て楽しむもの。文房具を象徴する置物として捉えていたんです。だから、使えるんだ！　というのも驚きでしたし、最初は1回つけただけでかなり書けるんだなということにも個人的に驚きがありました。お店で販売側に携わっていたこともあって、澤柳さんは実用度にこだわられていたということでしょうか。

澤：そうですね。やっぱりお客さんに買っていただく以上、こちらとしてもちゃんとしたものを売りたいという気持ちがありました。ガラスペンの魅力として、こんなに書けるんだ！　という驚きを体感してほしいなっていうのがあります。またちょっと水で洗えばまた別のインクをつけてすぐに書けるというのが、万年筆との違いですよね。いろんなインクをお持ちの方とか、イラストとか書かれる方であれば、ちょっと色を変えたい

なって思うならガラスペンの方が実用的だと思うんです。あと、ガラスペン特有のシャリシャリした音もいいですよね。

武：この音ってガラスペンでの初体験だったんです。そんな音、普通しないじゃないですか。ガラスペン以外でそんな音が起こらないので、驚きました。

高：シャリシャリとかサラサラとか、好みもお客さまによって分かれます。ガラスの感じがするカリカリとかシャリシャリが好きな方もいれば、すごく滑らかに書けるものが好きという方もいるので、そこは何が正解ではなくて、お好みの世界だと思います。あと、さっきいった何文字書けるかというのは、私は作家さんひとりひとり全部試してみるんです。

武：どれくらいインクをつけるんですか？

高：ペン先を半分くらいつけています。ハガキ1枚っていう言い方は抽象的なのでお客様に説明するときに、この作家さんのペン先だったら、「私は何文字書けました。」とお伝えするとイメージが湧きやすいみたいです。

武：平均すると何文字くらいでしょうか？

高：細いストレート形だと150～200文字、タマネギ形だと300～350文字くらい書けますよ。ペン先を回しながらですけどね。タマネギ型のほうがインクを含む量が多くなるのでたくさん書けるんです。

武：表面積ですよね。

高：そうです。溝の数にもよりますが。

武：難しいですね。インク保持量をメインにするのか、単純な書き味なのか、インクの出方なのか……。

高：でも、実際にみなさん一度つけてずっと使う方はいないと思うんです。やっぱりちょっと書いて、またつけて書いて、洗いながら使っていくと思うんです。

武：確かに。書き続けているとかすれたり、ダマになったりすることもありますからね。

高：ラメが入ったインクを使う場合には、特に先の細いペン先だと先端にラメが集まってしまうんですよね。詰まるわけではないんですが、やっぱり洗いながら使わないといけないですね。

武：こまめに洗いながら使わないと、ラメ入りインクの場合は、ひっかかったり、ポタッと落ちたりという事故が起きやすくなりますからね。ちなみに、実用の世界が広がってきたのは、インクが盛り上がってきたのと同じくらいのタイミングだったんでしょうか？

澤：はい、そうですね。

高：間違いないです。ペンとかインクを武田さんが「マツコの知らない世界」で紹介されたように、メディアに出るとやっぱり広がっていきます。

武：僕もこんな風になると、実は思っていなかったんです。あの番組に出たとき、エルバンの一番安いのを持って行ったんです。マツコさんがそれに興味を持たれて。それで、僕は澤柳さんからTwitterで連絡をもらったんですよね。「都内にある文房具屋に勤めている者ですが、ガラスペンがいっぱいあるのでよかったら遊びに来ませんか？」と誘っていただいて。それでお店に遊びに行って、ガラス工房LUCのガラスペンを見てひと目惚れをして購入しました。これが最初に僕がエルバン以外で買ったガラスペンです。ここからはじまったんです。これからも、作家さんやガラスペン、そして楽しみ方を発掘して、多くの人に魅力を伝えられるように努力していきたいと思います。本日は貴重なお話、ありがとうございました。

高橋さんがガラスペンで描いて楽しんでいる風景メモ。文字以外にもさまざまな楽しみ方の可能性が広がっている。

武田　健

Ken Takeda

1968年東京都生まれ。大学卒業後、サラリーマンを経て2010年に万年筆と出合い、文具ライターとして活動。これまでに集めた万年筆インクは3000色を超える。2019年にテレビ番組にて「万年筆インクの世界」を紹介したほか、万年筆・インク双方のプロデュースやワークショップ、文具トークショーなどインクの魅力を伝える活動を積極的に行う。著書に『美しい万年筆のインク事典』(グラフィック社)、『和の色を楽しむ万年筆のインク事典』(グラフィック社)、がある。

編集　松原健一／川名由衣(実務教育出版)
企画・編集　木庭 將／木下玲子(choudo)
執筆協力　鶴田雅美
制作協力　小尾和美／御郷真理子(株式会社・キャリア・マム)
デザイン　黒坂 浩
カメラマン　佐々木宏幸
カバーデザイン　近藤みどり
編集協力　神戸派計画／ダイヤモンド

見《み》て、さわって、書《か》いて、描《か》く
はじめてのガラスペン

2021年12月10日　初版第1刷発行

著者　武田 健
発行者　小山隆之
発行所　株式会社実務教育出版
〒163-8671 東京都新宿区新宿1-1-12
電話 03-3355-1812(編集)　03-3355-1951(販売)
振替　000160-0-78270
印刷所　文化カラー印刷
製版所　東京美術紙工

ISBN978-4-7889-2618-9 C2076